·生活中的数学真有趣，有趣就会有兴趣·

大小真有趣

［英］史蒂夫·威　菲利希亚·洛／著
［英］马克·比奇／绘
美国兰登书屋／组编
罗　颖／译

浙江科学技术出版社

著作合同登记号 图字：11-2022-074号

图书在版编目（CIP）数据

生活中的数学真有趣，有趣就会有兴趣. 大小真有趣/(英) 史蒂夫·威, (英) 菲利希亚·洛著；(英) 马克·比奇绘；美国兰登书屋组编；罗颖译. -- 杭州：浙江科学技术出版社, 2022.9

书名原文: Simply Maths

ISBN 978-7-5739-0227-6

Ⅰ. ①生… Ⅱ. ①史… ②菲… ③马… ④美… ⑤罗… Ⅲ. ①数学－儿童读物 Ⅳ. ①O1-49

中国版本图书馆CIP数据核字(2022)第148312号

书　　名　生活中的数学真有趣，有趣就会有兴趣. 大小真有趣
著　　者　［英］史蒂夫·威　　菲利希亚·洛
绘　　者　［英］马克·比奇
组　　编　美国兰登书屋
译　　者　罗　颖

出　　版　浙江科学技术出版社
网　　址　www.zkpress.com
地　　址　杭州市体育场路347号
联系电话　0571-85176593
邮政编码　310006
印　　刷　河北鹏润印刷有限公司
发　　行　读客文化股份有限公司

开　　本　1092mm × 1000mm　1/16
印　　张　20（全10册）
字　　数　400 000（全10册）
版　　次　2022年9月第1版
印　　次　2022年9月第1次印刷
书　　号　ISBN 978-7-5739-0227-6
定　　价　269.90元（全10册）

特邀编辑　唐海培
责任编辑　卢晓梅　责任校对　张　宁　责任美编　金　晖　责任印务　叶文炀
封面装帧　贾旻雯　内文装帧　陈宇婕　黄巧玲

我们的生活中，处处充满有趣的数学！

体型娇小的水蒲苇莺会喂养体型巨大的杜鹃鸟；

蓝鲸宝宝的体重是人类宝宝的1000多倍；

我们站在凸透镜或凹透镜前，就能改变大小……

现在，一起进入有趣的数学世界吧！

更大和更小

在这个世界上，我们身边大多数东西或人的大小、体型都与我们不一样。有的比我们大，有的比我们小。有时候我们需要知道，它们究竟比我们大多少或者小多少，这时候就需要测量。在这本书里，我们会学到许多测量方法。

改变大小

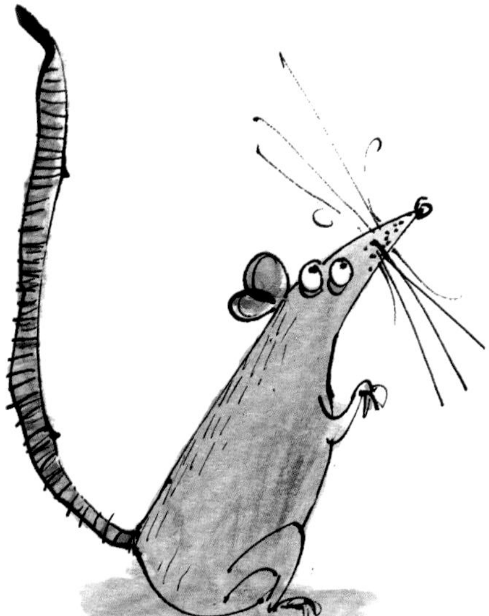

随着年龄的增长，我们的体型、大小也在改变。我们会长高，也会增重。当我们长大的时候，也会不断地拿别的东西和自己进行对比。小时候看起来很大的东西，如今似乎没那么大了。

我们还可以通过许多方式来改变大小。除了个子本身的增长，穿增高鞋或站在高处都会让我们变高。而当我们蜷缩起身子或者弓腰驼背地走路时，我们则会变矮。

这些小人是古代士兵和水手的精确缩微模型。

计量单位

我们在测量数据的时候，会选择最合适的计量单位。如果要测量房间的长和宽，我们用“米”作单位。但如果要测量英国伦敦到澳大利亚悉尼的距离，用“千米”这样更大的单位来表示会更方便一些。

合适的计量单位

所以，在开始测量之前，你需要找到合适的计量单位——你不会用“秒”来计算年龄，也不会用“年”来给一场飞快的赛跑计时吧！如果要测量一头大象的体重，你也不会用“克”这样小的计量单位。

数学小贴士：测量重量

1吨 = 1000千克

1千克 = 1000克

1克 = 1000毫克

也许只需0.01秒，就能让风驰电掣冲下山的滑雪运动员们决出胜负。

数学小贴士：测量时间

1世纪 = 100年

1年 = 12个月 = 365天（一般情况）

1个月 = 30天或31天（一般情况）

1星期 = 7天

1天 = 24小时

1小时 = 60分

1分 = 60秒

极小的单位

在尺子上找出1毫米的长度，很短吧！现在想象一下，把这么短短一段再分成1000份，就是微米的长度了。一根头发的直径是60～100微米。

数学小贴士：测量长度

1千米 = 1000米

1米 = 100厘米

1厘米 = 10毫米

1毫米 = 1000微米

西伯利亚北山羊有着极细的羊毛，每根羊毛的直径大约是12微米。

大一点，更大一点

就在100多年前，奥威尔·莱特乘坐第一架动力飞机“飞行者1号”在天空中飞行了12秒。这架小飞机是他和他的哥哥威尔伯·莱特一起制造的，只能承载1人，而且只能升空大约几米。

空客A380

相比之下，现代的空客A380就是个庞然大物了！实际上它的重量差不多是莱特兄弟制造的那架飞机的1000倍，最多可以搭载853名乘客，比“飞行者1号”可大多了。

当比较两样东西，比如这两架飞机时，我们可以做一个表格，把信息列进去对比。这些信息被称为“数据”。

数学小贴士：数据

	飞行者1号	空客A380
长	6.43米	72.75米
重量	340.19千克	277吨
翼展	12.19米	79.75米
速度	10.99千米/时	945千米/时
可飞行距离	36.58米	15 700千米

一只大鸟

大多数鸟在产卵的季节里会筑巢，把蛋产在巢里，一直守护着它们，直到小鸟孵出来，然后飞走。但杜鹃鸟妈妈会把蛋产在其他鸟类的巢里，甚至还会把鸟巢原主人的蛋移出去。

一只水蒲苇莺正在给它的“巨婴”喂食——那其实是一只小杜鹃鸟。

有时候，鸟巢原有的主人认出了杜鹃鸟的蛋，就干脆放弃这个鸟巢。但更常见的是，它们会帮忙把杜鹃鸟的蛋孵出来。在这种情况下，小杜鹃鸟被孵出来后，很快就会把其他鸟蛋挤出鸟巢。当自己的蛋全都没了之后，这对养父母会全身心地照料小杜鹃鸟。这个任务其实很艰巨，因为小杜鹃鸟往往长得比它的养父母还要大。

巨人

有无数关于巨人的故事，比如《格林童话》中《杰克与仙豆》里坏心眼的巨人。北欧神话里也有一位骑着狼的女巨人，名叫希尔罗金。有时候，我们在现实生活中也会看见巨人，其实就是比我们普通人更高的人啦！

小人国

《格列佛游记》写于18世纪，是英国作家乔纳森·斯威夫特的著名作品。

这本书讲述了船长里梅尔·格列佛的船遭遇海难，被海浪冲到一个奇怪的岛屿上的故事。这个岛屿名叫利立浦特，上面住着身高15厘米的小人，大概只有普通人身高的$\frac{1}{12}$。

世界上最高的人

美国人罗伯特·潘兴·瓦德罗生于1918年，出生时体重正常，3.8千克。但从那之后，罗伯特就以令人惊奇的速度生长。8岁那年，他已经长到了1.88米。他的最终身高为2.72米。虽然他在1940年就去世了，但他的身高纪录至今无人打破。

格列佛在利立浦特被招待得很好。他帮助利立浦特人打败了来自不来夫斯古岛上的邻居。

但格列佛拒绝帮助利立浦特人征服不来夫斯古岛，因此利立浦特人宣布他犯了叛国罪，还要弄瞎他的双眼。幸运的是，他找到了一艘旧船，逃离了小人国。

3
现在，你得帮助我们统治不来夫斯古岛。

4
我要向大海航行。过往的船只很快就会营救我，把我带回家的。

巨大的动物

蓝鲸是世界上现存的最大的动物——甚至比曾经最大的恐龙还要大。一头蓝鲸的重量约等于25头大象加起来那么重！

螃蟹钳子

世界上最大的螃蟹是巨型蜘蛛蟹，它的蟹钳伸展开来长达4米多——长得可以环绕一只河马！

最大的宝宝

蓝鲸宝宝是世界上最大的宝宝。它们的体重是人类新生儿体重的1000多倍！

巨大的植物

生长在美国加利福尼亚州的巨杉体型巨大。不同于高达100多米、直插天际的红杉，巨杉没那么高，却有着更粗的树干。有一种巨大的品种，名叫“谢尔曼将军”巨杉，是以一位著名的美国士兵的名字来命名的。

这种树干的底部直径超过11米，足以把一辆大卡车放进去。“谢尔曼将军”巨杉非常古老——有3500多年的历史了！

“谢尔曼将军”巨杉因巨大而闻名。

看起来变大了

你用过放大镜吗？如果你拿着它靠近一个物体，这个物体看起来变大了！这是因为放大镜里弯曲的玻璃镜片折射了光线，使你看到的东西变大了。

显微镜

把许多个镜片组合起来，就变成了一个光学显微镜。16世纪末，显微镜被发明出来后，科学家就看到了一个从未见过的全新世界！显微镜让东西看起来比实际的样子大数千倍。

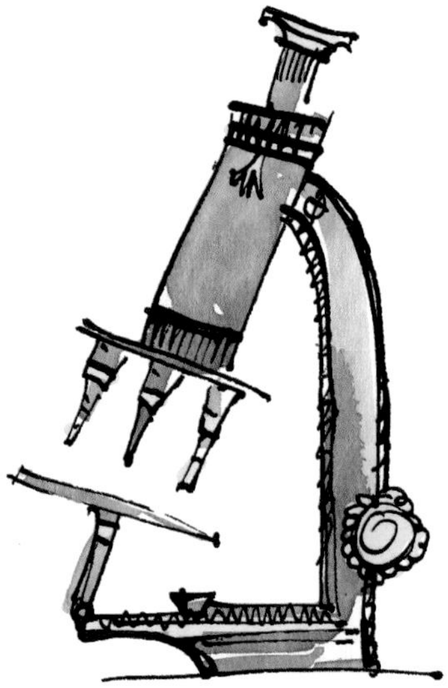

如今，出现了更高级的显微镜——电子显微镜。它能让我们看见更加微小的东西，例如直径仅有0.01毫米的单体细胞！现在，科学家可以通过电子显微镜追踪由微小生物造成的疾病，并研究如何治疗它。

通过显微镜，铁线莲的根茎切片呈现出精妙的细节，上面所有细小的管径都可以从土壤中吸收水分和矿物质。

缩微

缩微是指一个物体缩小成微型。所有的东西都可以做小，有些是为我们的日常生活和工作提供方便，有些则可以给我们带来乐趣。

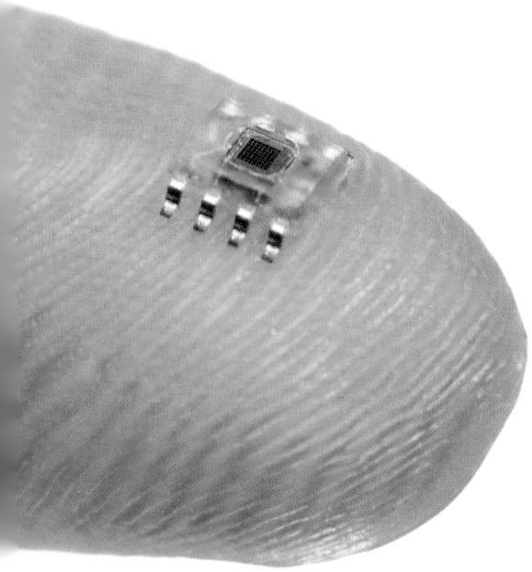

迷你电脑

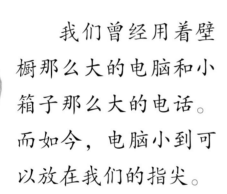

我们曾经用着壁橱那么大的电脑和小箱子那么大的电话。而如今，电脑小到可以放在我们的指尖。

缩微村庄

在缩微村庄里，所有的建筑和地貌细节都被缩小了。站在这里，你会感觉自己是个巨人！

小型犬

像吉娃娃这样的小狗被称为“小型犬”。人们特地挑选体型最小的雌性和雄性，目的是培育出更娇小的下一代。

缩微植物

1000多年前，中国人和日本人就开始培育树及其他植物的缩微景观，想要创造一个微型的植物来展示对大自然的憧憬。这种缩微植物被种在盆子里，形成了盆景艺术。

大部分盆景的高度都在5～60厘米。

盆景要养得尽量和原型相像。人们通常喜欢的是常绿植物，如雪松、五针松和杜松，但也会选择果树和开花类树木，如李子树、樱桃树和枫树。

种植盆景需要很多的耐心、时间和技巧。要让盆景保持精巧，就要不断地给它换盆、修剪新枝等。盆越小，树枝就长得越少。

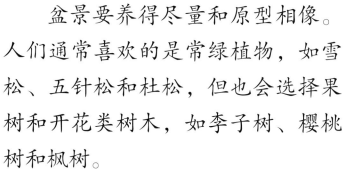

小小的人

小精灵是西方民间传说中的仙女。它经常以老太太的样子出现，穿着红色或者绿色的袍子，喜欢恶作剧。其他神话或者民间传说里也有关于小人国里的魔法小人的故事。

按10：1的比例

想象你自己变成一个可能只有现在$\frac{1}{10}$大小的人——甚至比这还小！这时，你身边的所有东西似乎也都和原来不一样了，它们看起来巨大无比！

要理解什么是比例，你可以试着在纸上画一个自己。如果你身高1米，想画一张自画像，可能很难找到你身高那么长的纸。但按10：1的比例缩小后，你就可以把你身高的每10厘米都画成1厘米。

所以，当要画一个特别大或特别小的东西时，我们可以按比例缩小或放大来画。

拇指姑娘

很久以前，有一个没法生孩子的女人向仙女求助。于是仙女给了她一个坐在花里的小姑娘。因为她只有拇指那么高，女人给她起名“拇指姑娘”。

鱼儿们让我救你，但如果我救了你，你就得嫁给我的邻居鼹鼠。

一只巨大又丑陋的癞蛤蟆偷走了拇指姑娘，把她放在水中的一片叶子上，还要把她嫁给自己的儿子。但幸运的是，故事并没有就此结束！

去往鼹鼠家的隧道一片漆黑，拇指姑娘在里面发现了一只受伤的燕子，对它细心照料，最终燕子起死回生。她的善良得到了回报，春天的时候，燕子回来救走了她——刚好在她跟鼹鼠结婚之前！

她不能和丑陋的癞蛤蟆结婚，让我们拯救她吧！

走吧！
你自由了！

长×宽×高

我们生活在一个立体的世界，这个世界有三个方向的维度。大多数的东西都可以从这三个维度测量：长度、宽度和高度。通过测量这三个维度，我们就可以求得这个物体的容积或者体积。

计算容积或者体积需要测量长度、宽度和高度。

水的重量

如果你有一立方体的纯水，从三个方向测量的长度都是10厘米，它的体积就是1000立方厘米。当公制计量的方式出现后，人们决定把这个体积的水的重量定为1千克，而它的体积也被称为“1升”。

数学小贴士：容积

1000立方厘米的水的重量是1千克。

1000立方厘米的水 = 1升水

占的空间

线是“一维”的，它只能从一个维度进行测量，即只能测量长度。

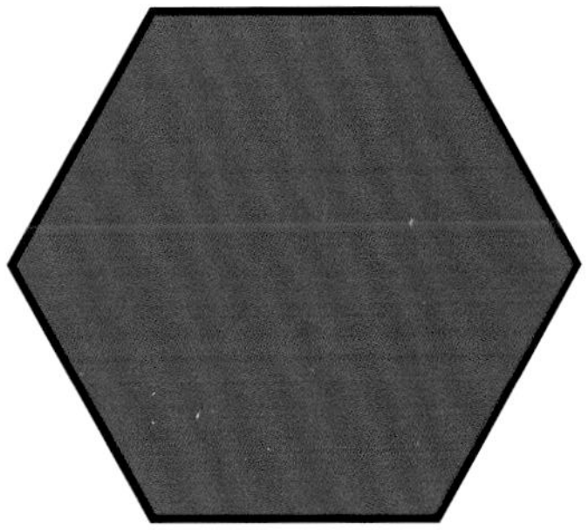

平面图形是“二维”的，它可以从两个维度进行测量，即能测量长度和宽度，也就有了“面积”。

大部分的物体是“三维”的，可以从三个维度进行测量。有了长度、宽度和高度，它们就有了“体积”。

游乐场的过山车沿着一条线在轨道中上上下下。

摩天大楼

哈利法塔被称为“世界第一高楼”。它位于阿联酋迪拜市，高达828米，有162层。对“世界第一高楼”这个名号的追求意味着建筑师必须把楼建得越来越高。楼房的高度是从低楼层，也就是从底层的行人入口开始测量的，一直测量到建筑的最顶端。这个高度包含塔尖，但不包含天线、旗杆或者其他科技装备。

世界纪录

哈利法塔保持着这些世界纪录：

➡ 世界第一高楼

➡ 世界上最高的单体建筑

➡ 世界上楼层最多的建筑

➡ 世界上入住楼层最高的建筑

➡ 世界上最高的室外观景平台

➡ 世界上最高的公用直升电梯

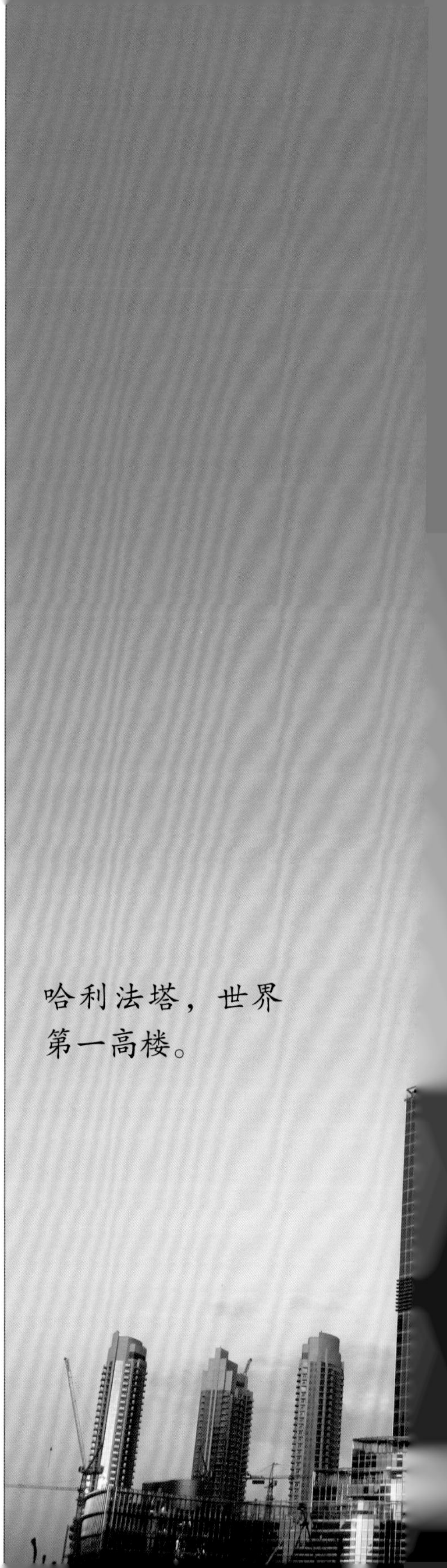

哈利法塔，世界第一高楼。

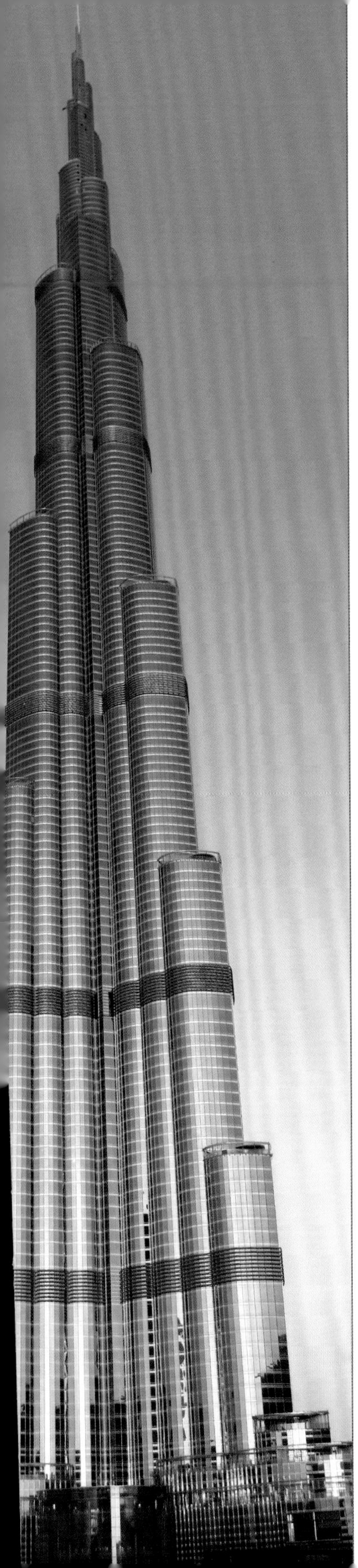

潮涨潮落

你有没有这样的经历：坐在海边的沙滩上，潮水涨上来的时候你就得挪位子？有时，海水涨到最高潮位会淹没整片沙滩，大约6小时后潮位变低，你又可以在沙滩上玩耍了。

潮涨潮落的形成和引力有关。月球的引力把海水吸引过来，而海水也同样受到太阳的引力作用。在太阳和月球引力的共同作用下，每个月有两次，大海会产生最高潮和最低潮。

最大的潮差

世界上潮差最大的地方在加拿大新斯科舍省的芬迪湾。潮水可以涨到16米高，相当于一座5层高的房子！

山有多高

你有没有想过，人们是怎么测量山的高度的呢？他们可不是一边爬山一边拿着尺子量的！山的高度可以通过测量一个形状来得到，我们把这个形状称为“角”。而这样的测量工具叫“经纬仪”，它可以测量出旗杆、路灯，以及其他非常高的东西的高度。

制作经纬仪

你也可以制作一个经纬仪：取一个两条短边都是15厘米的直角三角尺，在最长的边上粘一根吸管。之后，在吸管的顶端用钉子固定住一条长绳子。

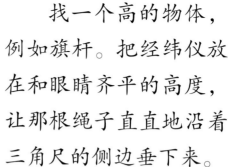

找一个高的物体，例如旗杆。把经纬仪放在和眼睛齐平的高度，让那根绳子直直地沿着三角尺的侧边垂下来。

透过吸管往外看。保持绳子贴着三角尺侧边不变，向前或者向后移动，直到能从吸管里看到物体的顶端。

站在原地不动，想象一条斜线从你的眼睛斜向上连接到物体的顶端。再想象一条线从你的眼睛沿着地面的方向连接物体的底端。这个物体本身也是一条线，这就形成了一个完整的三角形。这个想象中的三角形和你的经纬仪中的三角尺的形状是一样的。

接下来你要做的就是测量你站的位置和物体底端的距离。这个距离再加上你的身高，两个数字之和就是被测量物体的高度。

一位建筑师正在用经纬仪测量大楼的高度。

山的高度是用山峰和地面两个点连接起来的想象中的线来测量的。

大数字

最大的数字是什么？是一百万吗？一百万就是1后面跟着6个“0”——1 000 000。但一百万不是最大的数字。你还可以数到好几百万，几百个几百万，甚至几百万个几百万。

大到无法计算

没有人知道宇宙是不是大到无边无际。我们的望远镜和卫星根本看不到那么远。

数字“古戈尔”

然而，一百万个一百万也不是最大的数字，还有比它更大的，1后面可以跟着100个“0”，这个数字被称为“古戈尔”。但古戈尔也不是最大的数字。你可以用10×10×10×……×10，表示“10的古戈尔次方”，也就是古戈尔普勒克斯。

事实上，最大的数字不存在，如果想象中真有那么一个数，你只需要把它加1，就会得到一个更大的数了。

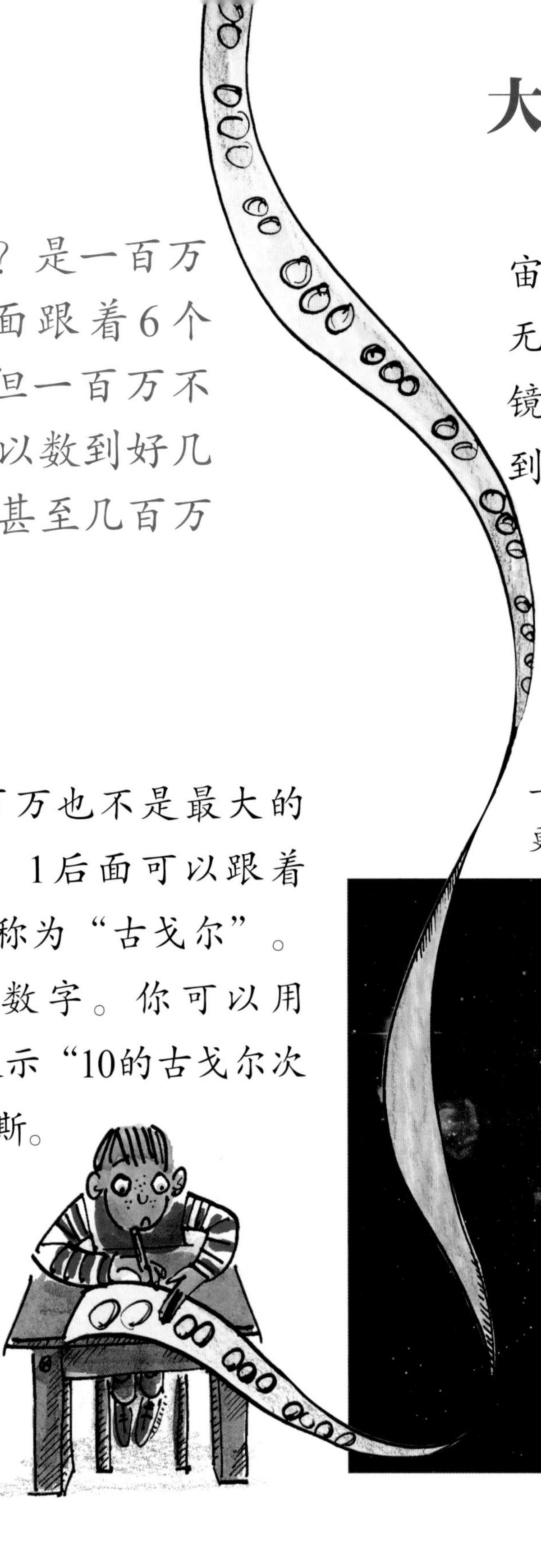

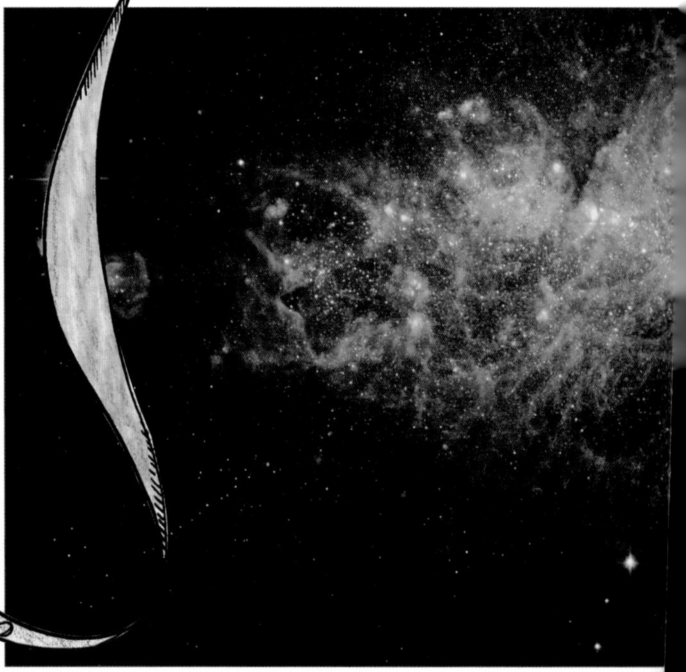

一个比银河系更遥远的星系。

其实，限制我们能看多远的是时间，而非空间。遥远星球发出的光以光波的形式到达地球。虽然光的速度很快，但由于这些星球实在太远了，光可能需要经过几百万年才能抵达我们这里。2003年，美国国家航空航天局的卫星拍到了从地球能看到的宇宙最远部分的照片。照片里，处于形成中的年轻恒星发出光芒，这些光芒经过140亿年才来到我们这里。

巨大的单位

最大的单位是用来测量宇宙中天体间的距离的，我们把它称为“光年”。1光年约等于10 000 000 000 000（10万亿）千米。

海王星是已知太阳系里距离太阳最远的行星——大约45.64亿千米。如果你今天乘坐火箭出发，等抵达海王星的时候，你将比现在大12岁。

改变大小

你想不想变得比现在更大或者更小？如果你站在“凸透镜”或者“凹透镜”前，就可以实现了。这种镜子让光线发生弯曲折射，映照出来的你就会看起来更大或者更小了！

踩高跷的人比我们高多了！

爱丽丝漫游仙境

这是英国作家刘易斯·卡罗尔写于1865年的文学作品。这本书讲述了一个小女孩从兔子洞进入了一个充满特别生物的奇妙世界的故事。在故事的开头，爱丽丝就改变了大小——还变了两次——结果令人震惊！

爱丽丝和姐姐坐在河边，非常无聊。这时爱丽丝看见一只穿衣服的白兔从旁边跑过，正开口对她说话。而且，这只兔子还会看表！

改变大小的镜片

凸透镜向外弯曲，汇聚光线后让你看起来更大了。

凹透镜向内弯曲，发散光线后让你看起来更小了。

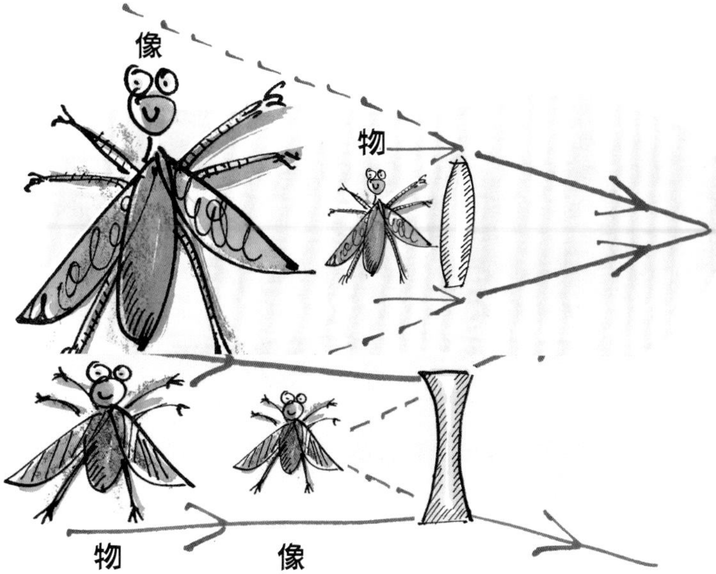

然后她发现了一瓶贴着标签的水，上面写着“喝了我”。这瓶水让她变小了，于是她够不着钥匙了。

爱丽丝跟着白兔沿着蜿蜒的兔子洞爬进去，发现自己来到了一个大厅里，四周是大大小小锁着的门。她找到了一把小钥匙，打开小门，但挤不进去。因为她太大了！

接着，一块贴着“吃了我”标签的蛋糕又让她变得巨大，脑袋都撞到了天花板。

小测试

1.谁首次驾驶动力飞机飞行了12秒？

2.什么鸟会把自己的蛋下在其他鸟类的鸟巢里？

3.罗伯特·潘兴·瓦德罗有什么特别之处？

4.蓝鲸是世界上最大的动物，那么世界上最大的生物又是什么呢？

5.世界上最大的潮差发生在哪里？

6.盆景是什么？

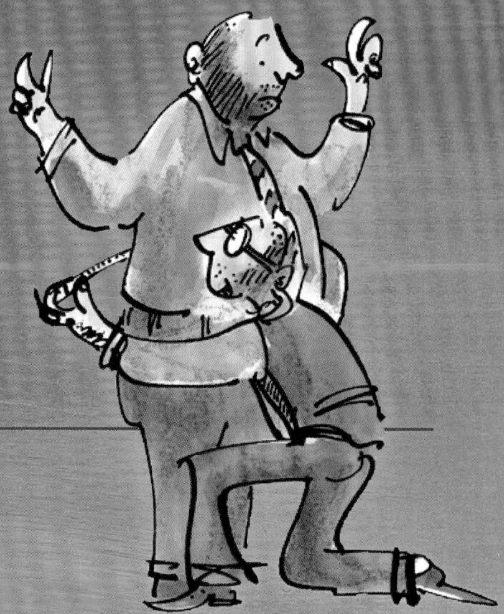

7.1毫米可以分成1000份，每一份是多少？

8.“世界第一高楼”哈利法塔位于哪个城市？

9.什么装置可以用来测量旗杆的高度？

10.1古戈尔是1后面跟着几个0？

答案：1.奥威尔·莱特　2.杜鹃鸟　3.他是世界上最高的人
4.巨杉　5.加拿大新斯科舍省的芬迪湾　6.缩微植物
7.1微米　8.迪拜　9.经纬仪　10.100个

索引

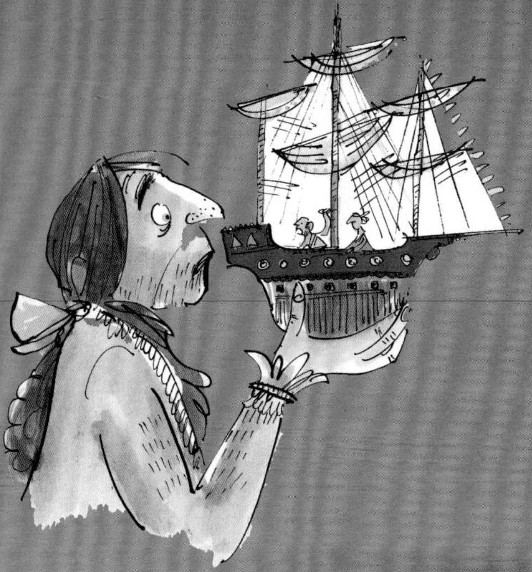

数学知识点

拓展知识点

·生活中的数学真有趣，有趣就会有兴趣·

数数真有趣

[英] 史蒂夫·威 / 著
[英] 马克·比奇 / 绘
美国兰登书屋 / 组编
罗　颖 / 译

浙江科学技术出版社

小读客童书

著作合同登记号 图字：11-2022-074号

图书在版编目（CIP）数据

生活中的数学真有趣，有趣就会有兴趣. 数数真有趣/(英)史蒂夫·威著；(英)马克·比奇绘；美国兰登书屋组编；罗颖译. -- 杭州：浙江科学技术出版社，2022.9

书名原文：Simply Maths

ISBN 978-7-5739-0227-6

Ⅰ.①生… Ⅱ.①史… ②马… ③美… ④罗… Ⅲ.①数学 - 儿童读物 Ⅳ.①O1-49

中国版本图书馆CIP数据核字(2022)第148309号

书　名　生活中的数学真有趣，有趣就会有兴趣. 数数真有趣
著　者　［英］史蒂夫·威
绘　者　［英］马克·比奇
组　编　美国兰登书屋
译　者　罗　颖

出　版　浙江科学技术出版社　　网　址　www.zkpress.com
地　址　杭州市体育场路347号　　联系电话　0571-85176593
邮政编码　310006　　印　刷　河北鹏润印刷有限公司
发　行　读客文化股份有限公司

开　本　1092mm × 1000mm 1/16　　印　张　20（全10册）
字　数　400 000（全10册）
版　次　2022年9月第1版　　印　次　2022年9月第1次印刷
书　号　ISBN 978-7-5739-0227-6　　定　价　269.90元（全10册）

特邀编辑　唐海培
责任编辑　卢晓梅　责任校对　张　宁　责任美编　金　晖　责任印务　叶文炀
封面装帧　贾旻雯　内文装帧　陈宇婕　黄巧玲

我们的生活中，处处充满有趣的数学！

人类花了几千年的时间，才学会掰着手指数数；

全世界的古人都会结绳记数；

不只是人类，动物也认识小的数字；

世界上最擅长估算的，可能是鸟类学家……

现在，一起进入有趣的数学世界吧！

你自己的计数工具

你最早用来帮助计数的工具是什么？

可能是你的手指吧。几乎所有的孩子一开始都是这样学数数的。说不定，你现在还在用手指帮忙数数。

手指对数数非常有用。为什么？

因为无论走到哪里，我们都会带着它们！事实上，人类自古以来就用手指数数。

掰着手指说出手指表示的数字是我们最早学习数数的一种方式。这听起来很简单，因为我们很小的时候就会了，但其实人类花了几千年才发展出这种简单的计数技能。

棍子计数

斯里兰卡的维达部落的成员至今仍然用身边的材料计数。要数大的数字时，他们就用一大把棍子。

维达部落的成员仍然依赖简单的工具计数。

瓦里戈数牛

1.这位是维达部落的首领瓦里戈，他会展示给我们看，他的部落是如何计数的。

2.如果我想知道自己有多少头牛，我就会先收集一些棍子。

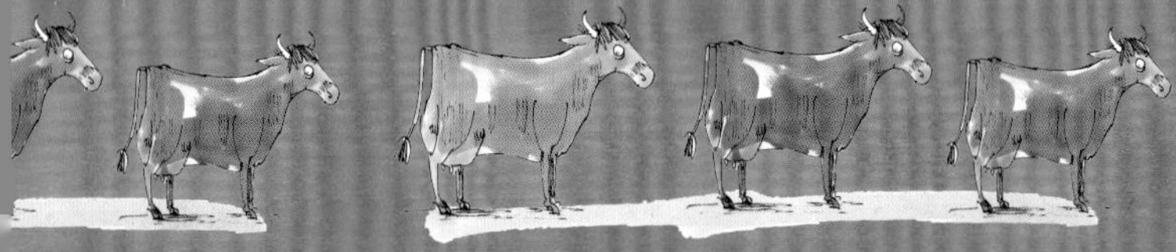

3.然后我给每一头牛分配一根棍子。

4.当做完这一切后，我手里拿的棍子的总数就与我的牛的总数相同。

没有名字的数字

人们很可能在学会使用语言之前就开始学习算术了。如今，我们会给数字命名，但是在很久以前，数字并没有名字。

试想一下，假如你想表达“我有3个玩具想送给你”，却不得不说“我有玩具想送给你”，这样很可能会送出比你预期更多的玩具。

数字需要有名字！

数字的名字

我们都知道如何用手指数数。

唯一的问题是，如果你不给举起的手指的数量起一个名字的话，你可能一整天都得举着它们，要不然一会儿就忘了！这就是要给每个数字起名字的原因。

1科罗

科罗和博拉

古代的人们很可能对相同数量的不同事物使用不同的名字！

例如，斐济群岛的原住居民用“科罗”一词来表示10只椰子，用“博拉”一词来表示10艘船。

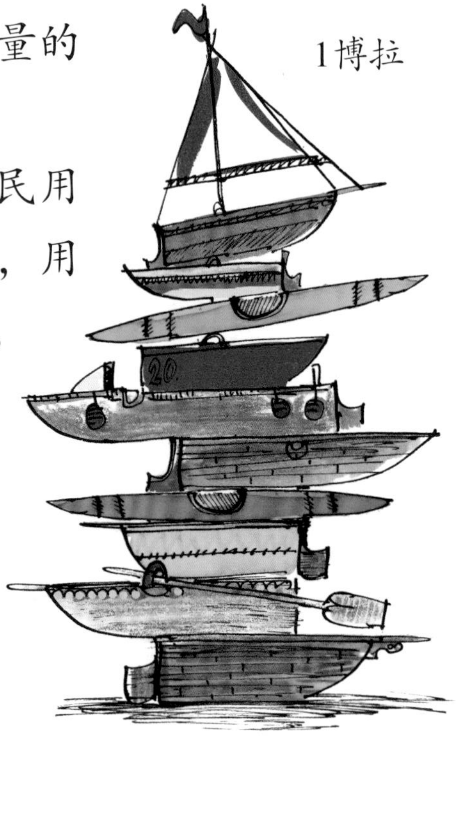

1博拉

7个名字

来自加拿大的原住居民更厉害，他们使用了7组词，每组只改变1个单词，来表示相同数量的不同事物。

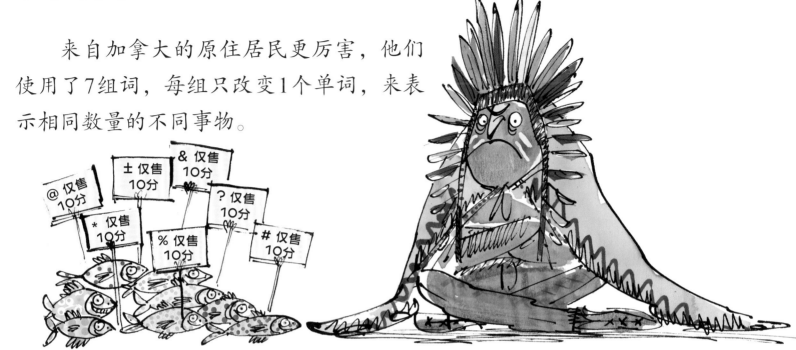

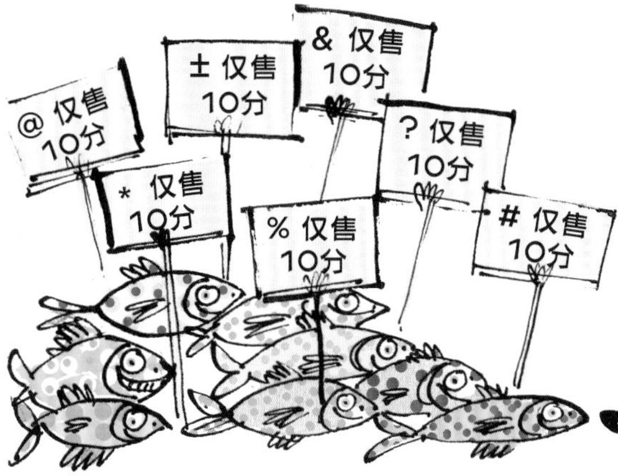

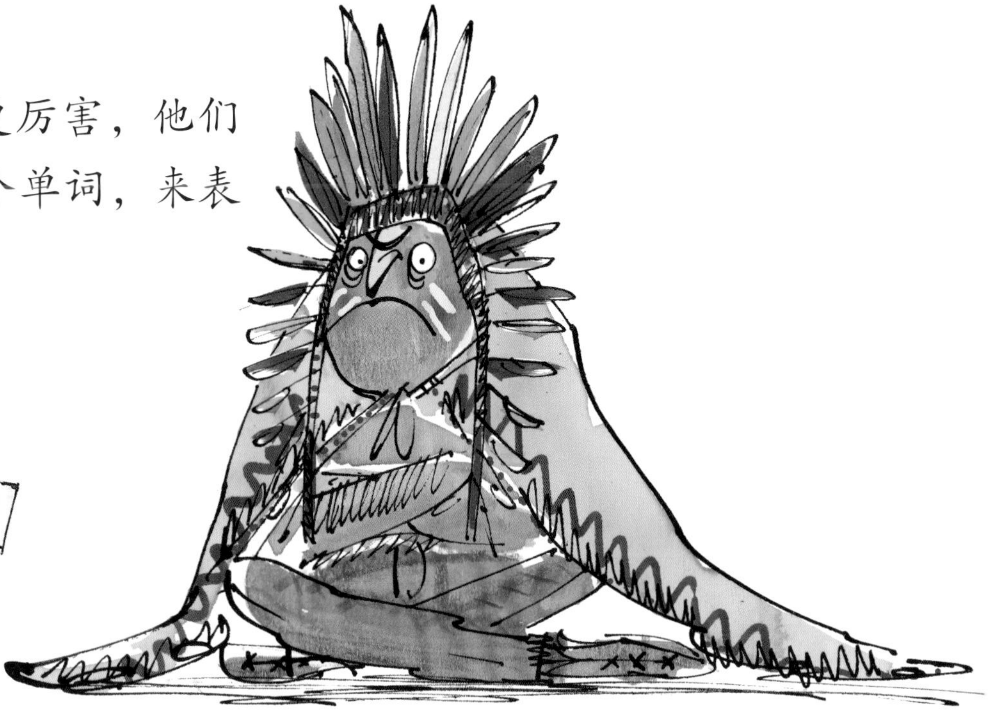

1个名字

给1个事物只起1个名字，是很有道理的。

但当我们出国旅行的时候，还是会混乱。虽然我们认为我们用了相同的数字名称来计数，可其实并不是。

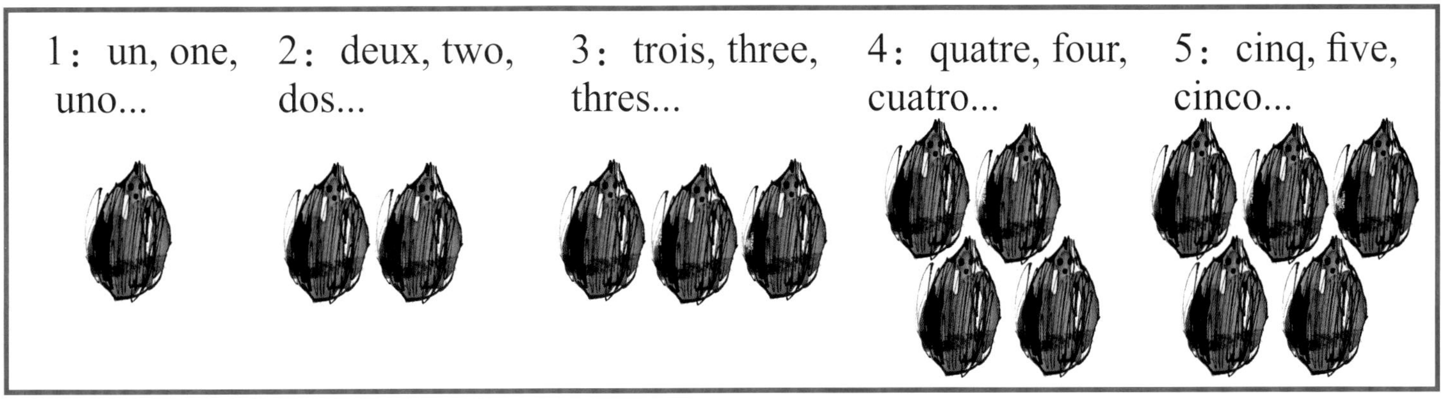

2个2个数

别担心，他们看起来很凶，但我们有3个人呢。

当探险家们第一次到达南非的博达玛部落时，他们发现这个部落的人似乎不习惯同时有2名以上的游客来访。

这个部落的人们看起来很友好，他们热情地欢迎探险者们到他们家中用餐。
欢迎好多位！

不，没有好多位，我们只有3个人。
我们知道啊——1，2，好多。

成双成对

探险家们认为这些原住居民的计数系统非常原始，也非常麻烦。例如，他们是如何数到3的？

但是探险家们发现这些人有一种聪明的方法，那就是成双成对地描述事物的数量。

到处都是2

我们现在知道，世界各地都使用过以2为单位的计数系统。事实上，在南美洲、巴布亚新几内亚和澳大利亚，至今仍然有一些部落2个2个一组地数数。

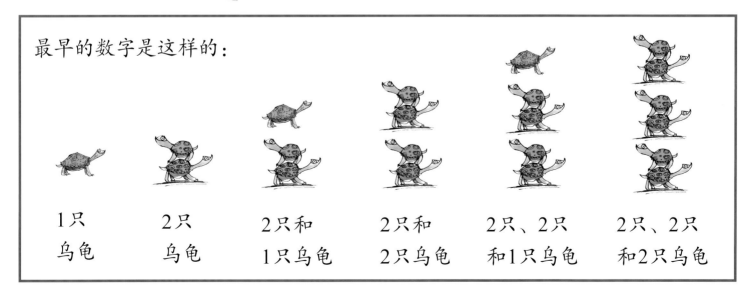

最早的数字是这样的：

1只乌龟

2只乌龟

2只和1只乌龟

2只和2只乌龟

2只、2只和1只乌龟

2只、2只和2只乌龟

狼骨头

用5计数也很古老。1937年，考古学家卡尔·阿博斯隆博士在捷克斯洛伐克发现了一块狼骨头，距今约3万年。

这块骨头曾被当时的人做上了记号，而记号都是5个5个一组的！

用5来计数比用1容易得多，特别是当你需要数很大的数的时候。

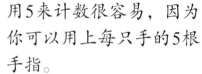

用5来计数很容易，因为你可以用上每只手的5根手指。

用5和10计数

在世界不同地区和不同历史时期，发展出了两种不同的五指计数法。一组是5和10，另一组是5和20。

在这样的情况下，像7这样的数字，就会被表示成“5和1和1”。

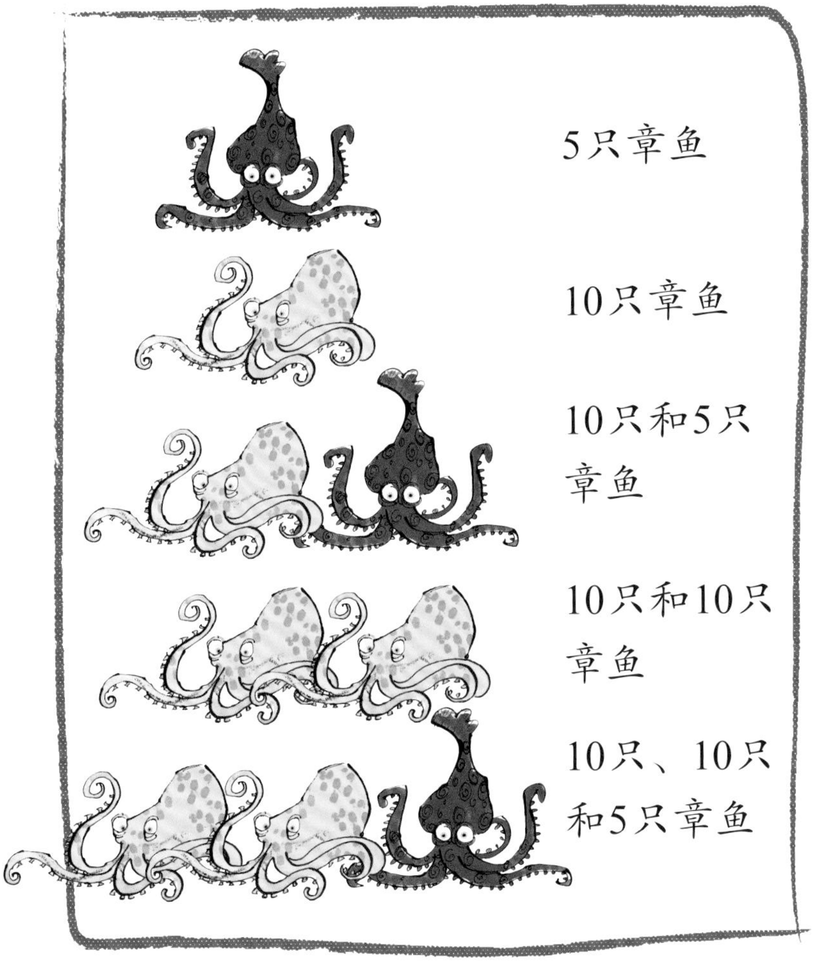

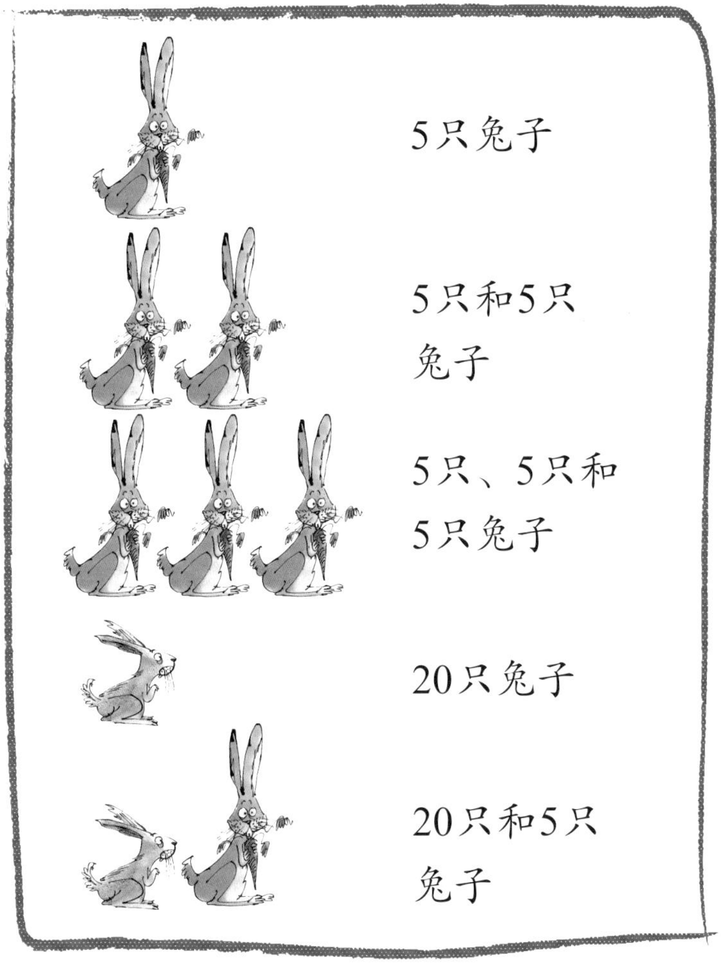

身体计数

无论走到哪里，身体总是会跟着我们，所以身体计数的方法非常好用。五指计数系统的发展就是因为我们一只手有5根手指。

潜水员用手和手指发出信号。

身体部位

数千年来，人们一直用身体部位来计数。古代的猎人打猎时可能就是这样计算的。一组猎人通过打手势向另一组猎人示意需要多少人从侧面偷袭猎物。

手指和鼻子

通常我们以10为单位计数，因为我们有10根手指。然而，有些部落会一直数，直到把身体的每个部位都用尽。

巴布亚新几内亚的法沃部落使用手臂、胸部、面部以及手指进行计数。他们从第一根指头开始一直数到最后一根指头，一共能数到27。

手指和脚趾

中美洲的古玛雅人会数手指和脚趾，所以他们可以用身体数到20。巴布亚新几内亚的一些人至今仍这么数数。

回到基数

我们在计数时把每一组的数字称为“基数”。所以刚才我们说那些人2个2个地计数的，基数就是2；以5为单位计数的，基数就是5。

基数10

大多数人计数都以10为基数。我们可以拿起双手先数到10，然后把数字分为两列——十位和个位。人类可能曾经以12和20为单位，所以语言里才会有“打”（意思是12）和“廿”（意思是20）这样的量词。

不同的基数

这些其他的基数，有些直到现在还在使用。在非洲西北部，有些人用以6为基数的计数系统。而南美洲最南端的火地岛的原住居民用以3或者4为基数的计数系统。

一打鸡蛋

巴比伦大基数

在大约5000年前发展起来的古巴比伦文化中，人们以60为基数进行计算。

真令人难以置信，巴比伦人似乎用手指数到了60。正是因为他们采用这样的计数方法，我们的1小时有了60分钟，而1分钟有了60秒。

数学小贴士

60要分成大小相同的许多组，有很多种分法。

5 x 12	3 x 20
10 x 6	15 x 4
1 x 60	2 x 30

他们可能是这样做的：先用一只手的4根手指关节之间的3个部分（不包括大拇指）数到12；

然后用另一只手的5根手指按每组12来数，能从12数到60！

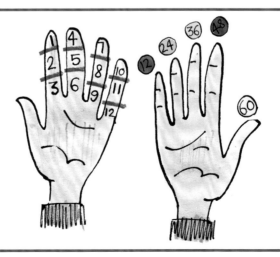

动物会数数吗

你认为动物会数数吗？还是只有人类掌握了这项技能？

聪明的汉斯

聪明的汉斯是著名的“数数动物”。当人们要求它数数的时候，这匹马能用蹄子在地上敲出正确的数字，甚至还可以做加减法。但科学家们发现，当汉斯敲到正确答案的时候，主人会做一些他自己都没意识到的小动作，而这匹马其实接收了主人发出的无意识信号！

会数数的乌鸦

19世纪，英国数学家约翰·卢布克爵士讲过一个会数数的动物的故事。

1.那只讨厌的乌鸦在我的塔上筑巢。我要把它吓跑！

2.可是我一进去它就飞走了！

约翰爵士进出塔的时候，乌鸦能知道吗？

3.嗯！它一直等到我出来才又飞回来，是在数我进出塔的次数吗？

4.我要捉弄捉弄它！我们2个人进塔，但只出来1个人。我打赌，乌鸦肯定会回来的。

5.但是乌鸦没有！它能清楚地分出1个和2个的区别，也能分出2个和3个的区别。那么4个、5个能骗到它吗？

直到约翰爵士带着5个人进去，但只出来4个人，乌鸦才被弄糊涂了。它无法分辨4和5的区别。科学家告诉我们，有些动物只要看一眼就能分辨出5以内的数。

所以，有些动物真能识别小的数字！

记录数字

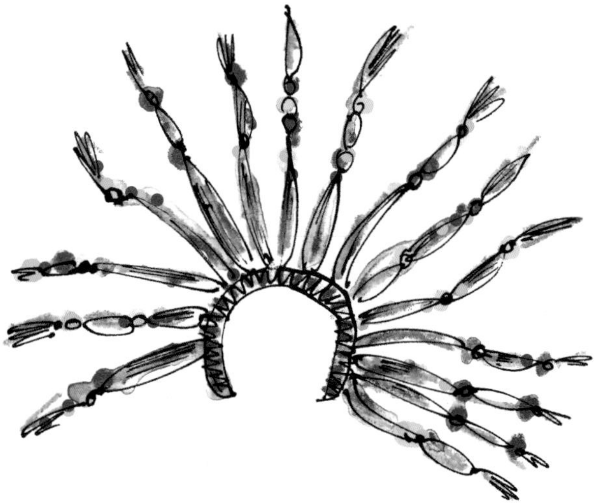

在掌握数数的方法后，古代人发展的下一项技能就是记录数字。

符木

已知最古老的符木是一根狼骨头，上面有5个5个的标记。但大多数符木都是用木头做的，因为木头更容易被刻出痕迹。有些符木被一分为二，用来记录债务，两边的刻痕必须完全匹配，所以出借方和借用方都不会随意在上面增加新的刻痕。

奇普

全世界的古人都会结绳记数。

最聪明的系统叫“奇普”，是南美洲的印加人发明的。它是在一条长绳子上面挂着48根绳子，绳子上不同的结分别代表个位、十位和百位。

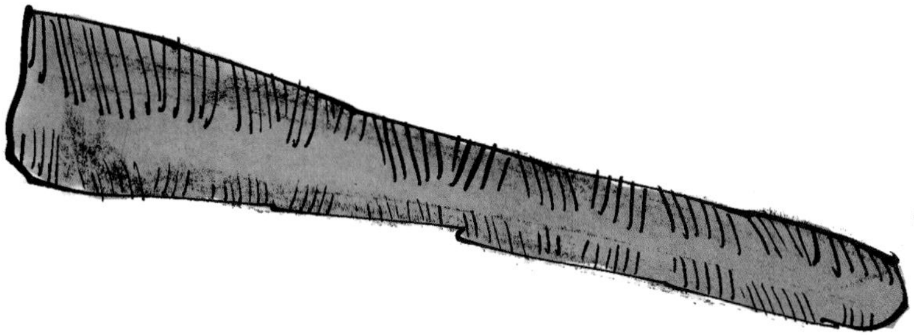

黏土币

考古学家在许多早期的农业定居点发现一些小的黏土币。迄今为止发现的最早的黏土币在伊朗，距今已有1万多年！人们可能用它们进行货物交易，如买油或者粮食。

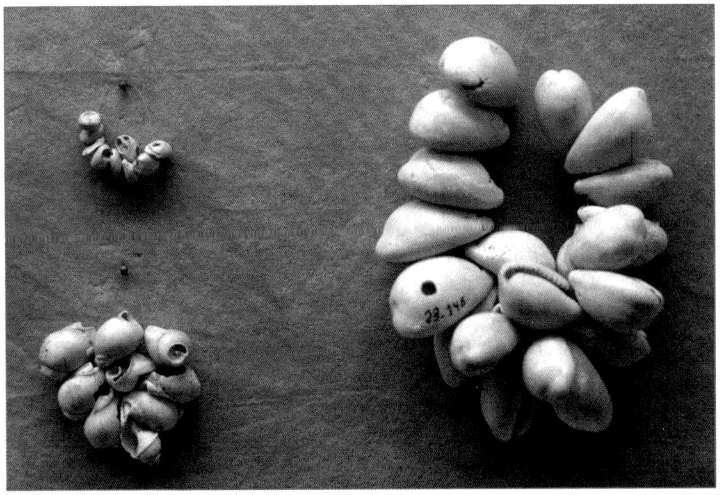

在印度洋的岛屿上发现的这些贝壳，在许多地方被用来计数或当作货币。

这块大约有5000年历史的苏美尔石板上有一些数学记录。

算盘

算盘是一种用来计数和解决数学问题的工具，有许多不同的类型。

沙子上的痕迹

现代算盘的珠子可以在杆子上移动。然而，最初的算盘可能只是铺有沙子的平板，人们在上面做记号来记录总数。

在英语中，“算盘（abacus）”这个词最初的意思可能就是“擦去灰尘”。

市场上的算盘

在中国、俄罗斯和土耳其等国家，很多商店和市场里仍然有人使用算盘。有些人打算盘非常厉害，比用袖珍计算器还要快。

在许多国家，孩子们仍然用算盘来学习数数和计算。

四舍五入

一共有多少只火烈鸟聚集在东非的纳库鲁湖上？应该从哪儿开始数呀？鸟类学家们就经常不得不面对这一挑战。

猜一猜

有时候，东西太多了没法算清楚，我们就得估算。我们不需要知道确切的数字，有个接近的就够了。

我们也会用四舍五入的方法，比如超过95的数字可以四舍五入到100。

正方形相乘

鸟类学家非常擅长估算。他们会挑选一小块正方形区域，数一数区域内有几只鸟，可能先挑一块鸟儿们挤得满满当当的区域，再挑一块鸟儿分布相对稀疏的区域，然后将两种区域的鸟儿的数量相乘，就会得到比较准确的总数。

左图为肯尼亚纳库鲁湖上的一群火烈鸟。

计算器

几个世纪以来，最先进的计数和计算工具就是算盘。后来，聪明的发明家们发明了新的计算器。

计算钟

第一个“计算钟”是1623年由德国数学家威廉·希卡德发明的。不幸的是，这个计算钟在一场火灾中被烧毁，记录也随之丢失。直到最近，人们才发现了希卡德的制造说明，据此还原了一个可以运行的计算钟模型。

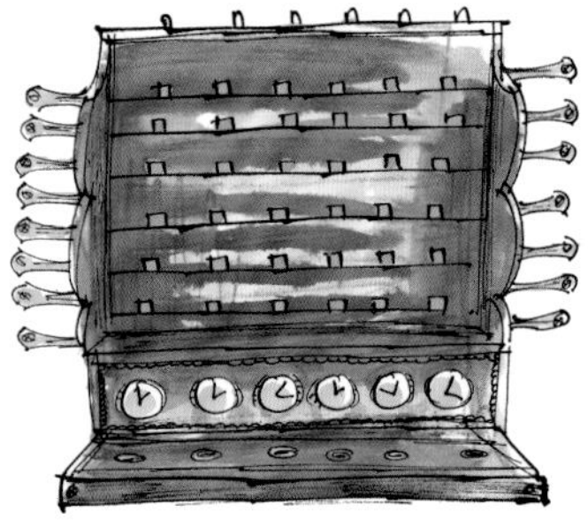

帕斯卡

第一台计算器叫“帕斯卡”，是根据发明者布莱士·帕斯卡的名字命名的。

帕斯卡是个神童，在数学方面很有天分，17岁的时候就因为写了一篇关于锥的文章一举成名。

1
好聪明的孩子！他说他在写一篇关于锥的文章。

19岁的时候，他已经设计出一台可以进行加减法运算的计算器。

正因为他300多年前的发明，才有了我们今天使用的电脑。

帕斯卡三角

帕斯卡接着又发明了液压机和注射器！他还因一系列的数字而闻名，这些数字后来被称为“帕斯卡三角”。数学家发现，这些数字对解决复杂的数学问题很有用，你能看出其中的规律吗？

					1					
				1		1				
			1		2		1			
		1		3		3		1		
	1		4		6		4		1	
1		5		10		10		5		1

（每个数字都是它上面两个数字的和！）

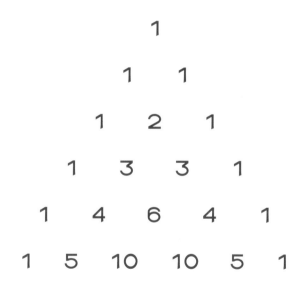

电脑博物馆

就像帕斯卡的计算器一样，第一批类似电脑的设备也是机械的，这意味着它们是靠齿轮工作的。

查尔斯·巴贝奇

第一台看起来更像我们现在使用的电脑而不是计算器的机器，是英国发明家查尔斯·巴贝奇发明的“分析引擎”。它由蒸汽驱动，通过插入打孔的卡片来控制程序。

IBM650

第一台真正的电脑IBM650出现在20世纪中期。它通过电力装置进行计算，开关设备很大，很容易过热和损坏。所以电脑很大，也非常昂贵，重达2吨，耗资50万美元！

IBM1620

计算机设计的下一个突破是诞生于20世纪50年代的IBM1620。当时人们发明了一种更小的开关，叫“晶体管”。有了这个，计算机就变得小多了，但造价仍然非常昂贵。它们使用了二进制系统，因为电子设备总是处于关闭（0）或打开（1）两种状态中的一种。

早期的电脑非常庞大，可以占满整个房间！

现代计算机

随后，微芯片出现了。它就像一个微观电路的开关，让电脑更小、更快、更便宜。

再后来，微处理器又被发明出来了，如今的电脑体积更小，价格也更便宜！

小测试

1.巴布亚新几内亚法沃部落的一名成员指着自己的鼻子，他表达的是什么数字？

2.古巴比伦人用哪个数字作为基数进行计算？

3.卡尔·阿博斯隆博士认为他发现的那块刻了5个5个标记的骨头大约是什么时候的？

4.为什么古玛雅人在数数的时候得坐下来？

5.约翰·卢伯克爵士想抓住的乌鸦能分辨出3和4的区别吗？

6.“奇普”是如何记录数字的？

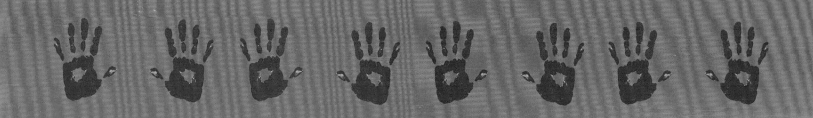

7.目前发现的最早的黏土币在哪个国家？

8.哪个计数工具的名称在英语中是“擦去灰尘”的意思？

9.查尔斯·巴贝奇发明的“分析引擎”靠什么驱动？

10.1954年制造的IBM 650有多重？

答案：1.14　2.60　3.3万年前　4.他们得数自己的手指和脚趾
5.能　6.在绳子上打结　7.伊朗　8.算盘　9.蒸汽　10. 2吨

索引

数学知识点

拓展知识点

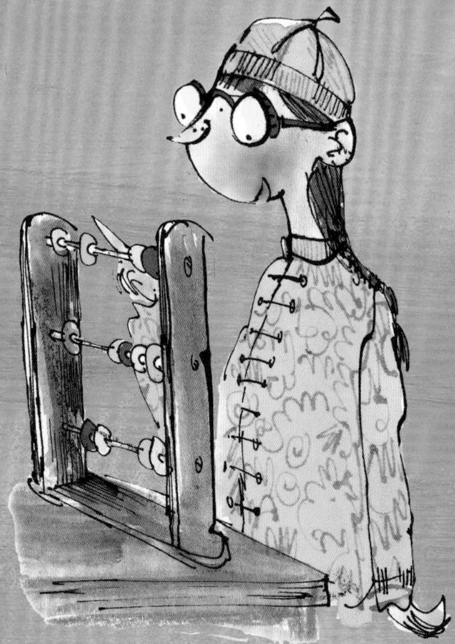

·生活中的数学真有趣，有趣就会有兴趣·

加法乘法真有趣

[英]史蒂夫·威　菲利希亚·洛/著
[英]马克·比奇/绘
美国兰登书屋/组编
罗　颖/译

浙江科学技术出版社

著作合同登记号 图字：11-2022-074号

图书在版编目（CIP）数据

生活中的数学真有趣，有趣就会有兴趣. 加法乘法真有趣 / (英) 史蒂夫・威, (英) 菲利希亚・洛著；(英) 马克・比奇绘；美国兰登书屋组编；罗颖译. -- 杭州：浙江科学技术出版社, 2022.9

书名原文: Simply Maths

ISBN 978-7-5739-0227-6

Ⅰ. ①生… Ⅱ. ①史… ②菲… ③马… ④美… ⑤罗… Ⅲ. ①数学－儿童读物 Ⅳ. ①O1-49

中国版本图书馆CIP数据核字(2022)第148314号

书　　名　生活中的数学真有趣，有趣就会有兴趣. 加法乘法真有趣
著　　者　［英］史蒂夫・威　菲利希亚・洛
绘　　者　［英］马克・比奇
组　　编　美国兰登书屋
译　　者　罗　颖

出　　版　浙江科学技术出版社　网　　址　www.zkpress.com
地　　址　杭州市体育场路347号　联系电话　0571-85176593
邮政编码　310006　印　　刷　河北鹏润印刷有限公司
发　　行　读客文化股份有限公司

开　　本　1092mm × 1000mm　1/16　印　　张　20（全10册）
字　　数　400 000（全10册）
版　　次　2022年9月第1版　印　　次　2022年9月第1次印刷
书　　号　ISBN 978-7-5739-0227-6　定　　价　269.90元（全10册）

特邀编辑　唐海培
责任编辑　卢晓梅　责任校对　张　宁　责任美编　金　晖　责任印务　叶文炀
封面装帧　贾旻雯　内文装帧　陈宇婕　黄巧玲

我们的生活中，处处充满有趣的数学！

在银行里存的钱会生出额外的利息；

“三原色”的叠加能调出成百上千种颜色；

一个单细胞在短时间内就能增长为大菌群……

原来，所有的增长都与加法或乘法有关。

现在，一起进入有趣的数学世界吧！

不止一个

人太多了！人那么多，很难数清楚吧？但如果你在人刚到的时候就开始点数，5人一组，或者10人一组，你就能用乘法算出总人数了。

事实上，当你需要一遍一遍地加同一个数字时，都可以用乘法。只要你在重复计算的过程中，发现并掌握了其中总数增加的规律，你就能又快又轻松地用乘法算出总和了。

$$5+5+5=15$$
$$5\times3=15$$

往上加

当你往一个东西里加另一个东西时，这个东西就会变大。你每天都在学习新的知识，你的知识体系就会变大，就好像在建立知识体系时，给建筑添砖加瓦，让建筑变得更加高大。

加号

加法是最基本的运算方法之一，它使用一个特殊的符号“+”。

$$3+5=8$$

一环又一环

针织是借助针给纱线打圈和打结的一种编织物品的手工艺。打一圈就是织一针，当人们一行一行来回打圈的时候，这些圈就会相互打结，交织在一起。

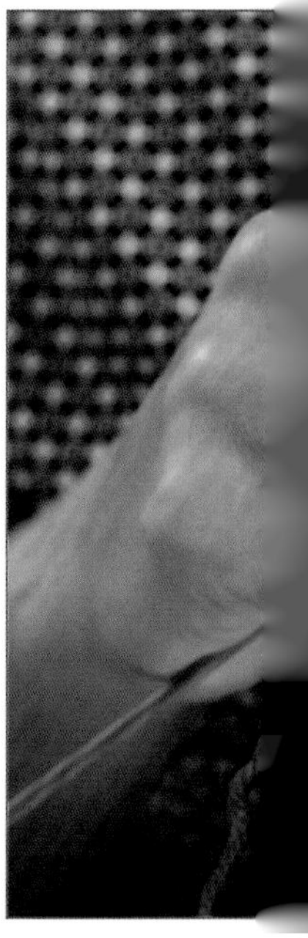

针织品就像链条一样，每一针都是链条上的一环。其他手工艺品，如钩针编织品、纺织物以及一些珠宝也是如此，一环一环地加起来，就形成一条越来越长的链条。

为梦想加码

早在2000多年前，中国的思想家老子就认识到，要获得更大的成就，就要在已有的成就之上继续努力。

他说：“九层之台，起于累土；千里之行，始于足下。”

颜色的叠加

美术中有“三原色”：红色、黄色和蓝色。把它们互相调和，就能调出成百上千种颜色。而我们在彩色电视机里看到各种颜色，则是由“红绿蓝”三种颜色调出来的。

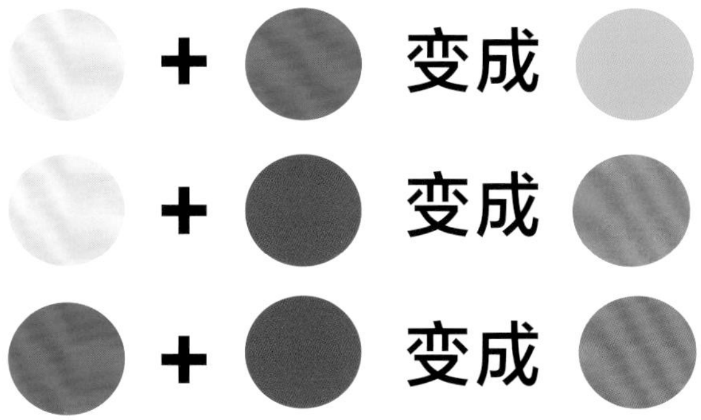

雅赫摩斯

雅赫摩斯是一个大约生活在3700年前的埃及人，他是埃及国王新宫殿的建造师。

1
女王卧室的地板要用这种石头铺满。

雅赫摩斯知道，他必须精确地计算出要买多少块石头。如果买多了，运送石头的船只就会因为超重而沉没。如果买少了，就还得再跑一趟，又花时间又花钱。

2
但这种石头在遥远的蓬特码头。
我们得用船把它们运过来。

3
我得精确地知道船要装载多少块石头。

女王卧室的大小是10步长，9步宽。雅赫摩斯一行一行地加，就能算出需要的石头的总数量。

4
我把每块大石头都切割成边长为1步的大正方形石板。

加起来一共是90块，这就是我要买的数量。

当然，你也可以不一行一行地加，而是通过乘法（9×10＝90）飞快地把这道题计算出来。不过，在那么久远的年代，人们还不会使用乘法。

雅赫摩斯在一张草纸上画下了9行，每行有10个方块。

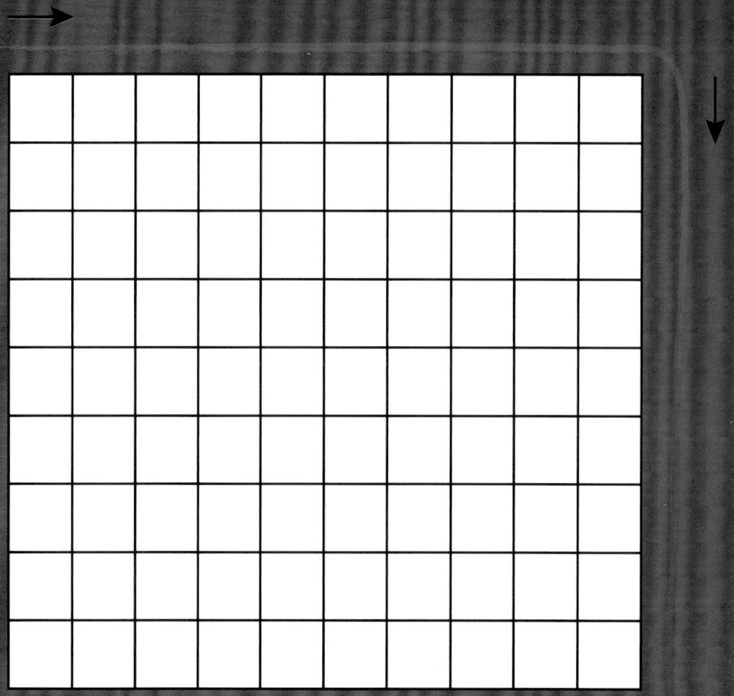

其实雅赫摩斯是一个聪明的数学家，他曾在6米长的草纸卷上留下了85道数学谜题，其中就揭示了如何通过重复翻倍来进行乘法运算的方法。

植物的繁衍

植物通过让种子在大地上扩散的方式来繁衍后代。因为植物固定在一个地方无法移动，它们在散播种子的时候就需要借助风、昆虫或其他动物的力量。

有些植物有着柔软的种子，如蒲公英的种子可以被风吹到远方。

自我繁殖

有些植物不靠外界的帮助，自己就可以繁殖，它们会在原来的枝干上长出新的生命。例如，草莓的纤匐枝会沿着地面往外生长，而在纤匐枝所过之处，新的根须就会生长出来。

数学小贴士：乘法符号

整数相乘的道理就跟加法一样，因为都会让数字变大。它使用符号“×”，如果我们想写2乘4等于8，就可以写作：

$$2 \times 4 = 8$$

昆虫传播花粉

蜜蜂飞到花朵上采集花蕊中甜美的花蜜。当蜜蜂停在花朵上时，身上就会沾满花粉。蜜蜂携带着花粉不断地在花朵间飞来飞去，就可以帮助花朵完成受精。

花粉会沾到蜜蜂的身体上。

这只老鼠的粪便会传播种子。

动物传播种子

有些种子会在外壳上长出小钩子，钩在动物的皮毛上，动物四处走动时就会把种子带出去。一些果实被田鼠或鸟类吃下去后，它们的种子会随动物的粪便排出，也能被传播到远方。种子得到更好的机会在新的区域生根发芽，就不会留下来和原来区域的植物竞争。

两倍

当我们把一个数字加上它本身，这个数字就翻了一番，我们就有了两倍的数值！

双胞胎

替身

很多名人都有“替身”——长得像他们的人。电影明星有时会用替身来表演电影中难度过高或危险的特技。

奥利弗·退斯特

《雾都孤儿》是作家查尔斯·狄更斯的著名作品，讲述了19世纪在英国济贫院里长大的孤儿奥利弗·退斯特的故事。狄更斯意图告诉人们当时的社会是多么黑暗，并激励人们改变现状。

这里的孤儿们每天都在餐厅里排着长队，只为领一小碗稀粥。

奥利弗鼓起勇气站起来，拿着空碗向前走，伸出手来讨要第二份稀粥。

奥利弗被派去一个地方干活，那里的人对他很不友好，最终他逃跑了，并受人鼓动加入了伦敦的一个小偷团伙。

幸运的是，故事的结局还是圆满的，奥利弗找到了他失散多年的姑妈，终于有了一个幸福的家。

超级翻倍

不断地翻倍、再翻倍，很快就会让原来的数字飞速变大！有一则古老的寓言，讲的是一名觐见者把一种名叫“象棋”的新游戏带到国王面前。

但国王想以适当的方式奖励觐见者，而不是用大米！因此他说要给觐见者财富……

觐见者的要求是：在第一格上放2粒米，在第二格上放4粒米，在第三格上放8粒米，以此类推，每一格的数量都是上一格的两倍。

2	4	8	16	32	64	128	256
512	1024	2048	4096	8192	16384	32768	65536
131072	262144	524288	1048576	2097152	4194304	8388608	16777216
33554432	67108864	134217728	268435456	536870912	1073741824	2147483648	4294967296
8589934592	17179869184	34359738368	68719476736	137438953472	274877906944	549755813888	1099511627776
2199023255552	4398046511104	8796093022208	17592186044416	35184372088832	70368744177664	140737488355328	281474976710656
562949953421312	1125899906842624	2251799813685248	4503599627370496	9007199254740992	18014398509481984	36028797018963968	72057594037927936
144115188075855872	288230376151711744	576460752303423488	1152921504606846976	2305843009213693952	4611686018427387904	9223372036854775808	18446744073709551616

国王的仆人告诉他，全世界的大米加起来都满足不了觐见者的要求！

记住规律

乘法就是把某个数重复地加起来。我们可以把得到的结果收集起来，制成一张“乘法表”，只要一遍又一遍地用心去记，就可以完美地掌握这个表格。

如果你能在数字中找到一些规律，就更容易掌握乘法表了。你也可以用各种不同的方法来记住它。

三胞胎

3倍的规律

这是3倍乘法表。你能发现每乘一次后所得数字的规律吗？

1 × 3 = 3	3 = 3
2 × 3 = 6	6 = 6
3 × 3 = 9	9 = 9
4 × 3 = 12	1 + 2 = 3
5 × 3 = 15	1 + 5 = 6
6 × 3 = 18	1 + 8 = 9
7 × 3 = 21	2 + 1 = 3
8 × 3 = 24	2 + 4 = 6
9 × 3 = 27	2 + 7 = 9
10 × 3 = 30	3 + 0 = 3
11 × 3 = 33	3 + 3 = 6
12 × 3 = 36	3 + 6 = 9

数学小贴士：乘法舞

全身动起来，学习乘法表！为0到9每个数字设计一个动作，再为 × 和 = 分别设计一个动作。一边唱乘法表，一边把这些动作串起来，跳一支舞吧！

4倍的规律

这是4倍乘法表。看每个答案的最后一位，你就能看出规律了。

1 × 4 = 4
2 × 4 = 8
3 × 4 = 12
4 × 4 = 16
5 × 4 = 20
6 × 4 = 24
7 × 4 = 28
8 × 4 = 32
9 × 4 = 36
10 × 4 = 40
11 × 4 = 44
12 × 4 = 48

5倍的规律

通过观察最后一位是否是5或0，你就能判断一个数字是不是在5倍乘法表里。

1 × 5 = 5	
2 × 5 = 10	1是2的一半
3 × 5 = 15	
4 × 5 = 20	2是4的一半
5 × 5 = 25	
6 × 5 = 30	3是6的一半
7 × 5 = 35	
8 × 5 = 40	4是8的一半
9 × 5 = 45	
10 × 5 = 50	5是10的一半
11 × 5 = 55	
12 × 5 = 60	6是12的一半

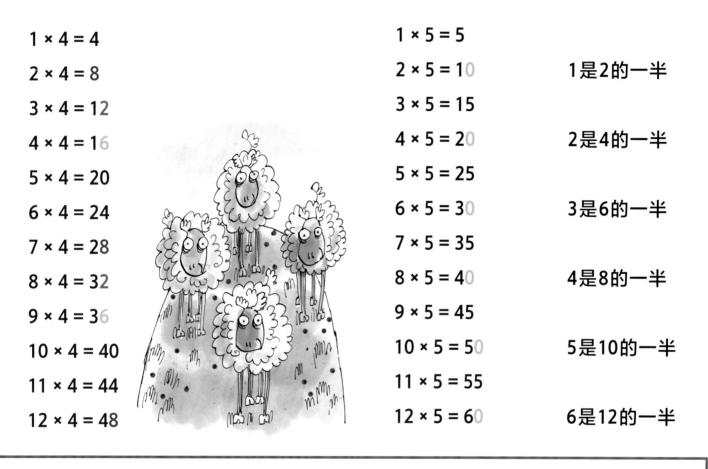

把 × 和 = 的身体动作加进去，开始跳舞吧！

乘法

如果你把2、3和4分别乘10，你会得到20、30和40，它们的末位数都是0。想要快速计算出数字的10倍，你可以在末尾简单地加上一个0。例如，10个34，就是340。

10倍的规律

当我们把10重复乘10的时候，就能看出一个非常实用的规律。

10

$10 \times 10 = 100$

$10 \times 100 = 10 \times 10 \times 10 = 1000$

$10 \times 1000 = 10 \times 10 \times 10 \times 10 = 10\,000$

答案里的0的个数与相乘的10的个数相同。这个规律同样适用于其他数的10倍数。例如，$2 \times 200 = 400$和$3 \times 3000 = 9000$。

倍数

一个数字的倍数，就是把这个数字和其他整数相乘得到的结果。3的倍数就是3倍表中的所有数字，也就是除以3后余数为0的数字。

3

6　9　12　15

18　21　24　27

30　33　36　39

……

这个牧场主正在把牛赶到一起。他将它们赶成紧密的一群，便于它们一起行动。

四舍五入

“四舍五入”和“赶牛”在英语里都写作“rouding up”，但它们之间毫无关系！不过，这两种行为都是在整理东西，以便更好地管理。有时我们不需要知道乘法的确切答案，只需要知道一个大致的数字就行了。

在这种情况下，我们可以将数字“四舍五入”到最接近的整十数。例如，把28四舍五入，就得到30。

太多啦

《格林童话》里讲了一个听到咒语就盛满粥的魔法罐子的著名故事。

从前，有一个贫穷却善良的小女孩，她和母亲住在一起，两人的生活非常贫困，没什么吃的。

1
我去森林里找点吃的回来。

在森林里，小女孩遇到了一位老妇人。老妇人为女孩的遭遇感到难过，于是送给她一个小罐子，并教她如何对着罐子说咒语。老妇人承诺，这个罐子会给女孩带来帮助。

2
开始煮粥吧，小罐子！

罐子里立刻变出了美味的粥。然后，当罐子装满时，她得说另一个咒语让它停下来。

3
停下吧，小罐子！

女孩把罐子带回家，从此，她和母亲再也不用忍饥挨饿了。

有一天，女孩出门去了，她的母亲开始对着小罐子说——

开始煮粥吧，
小罐子！
停下，停下！

但她不知道如何让小罐子停下来，因为她忘了那句咒语。

小罐子听不懂这些话，于是不断地涌出更多的粥来。

很快，整个厨房、整个屋子都被淹没了。

它还在冒泡泡！
流得满地都是！
我该怎么办？

粥从房子里流出来，流淌进一间又一间的房子里，在整条街上咕嘟咕嘟地冒泡。没有人知道该怎么让它停下来。

只剩一栋房子没有被粥淹没了。终于，女孩回家了。她只说了一句简单的咒语，一切就都停了下来！

停下吧，
小罐子！

上百万的微生物

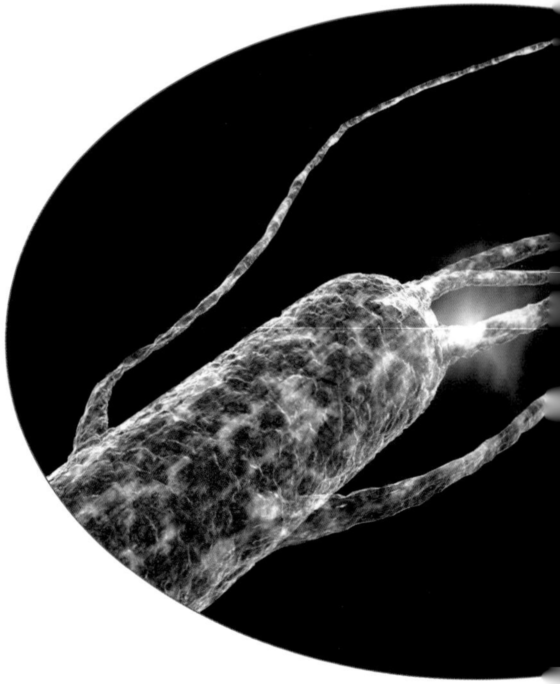

形体微小、构造简单的细胞生物或非细胞生物被称为“微生物”，它们中的绝大多数都太小了，大约只有千分之一毫米，我们用肉眼是看不到的。不过，我们周围和身体里的微生物数量可以达到数百万！大多数微生物是无害的，有些甚至还能帮我们保持健康。例如，消化系统里就可能有多达1千克的微生物在帮我们分解食物。

微生物生长得飞快！有些可以在20～30分钟内分裂出新的细胞。细菌是一种微生物，也是通过这种方式分裂成新的细菌。一个单细胞在短时间内就能逐渐长成一个大菌群。

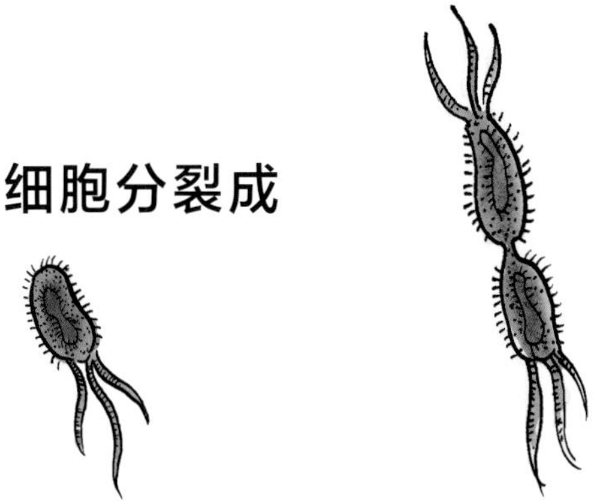

洗手

有些微生物会引发疾病。它们生活在粪便和泥土中，因此，如果你刚刚上完厕所，或者在外面玩耍、工作过，洗手就非常重要了。

培养微生物

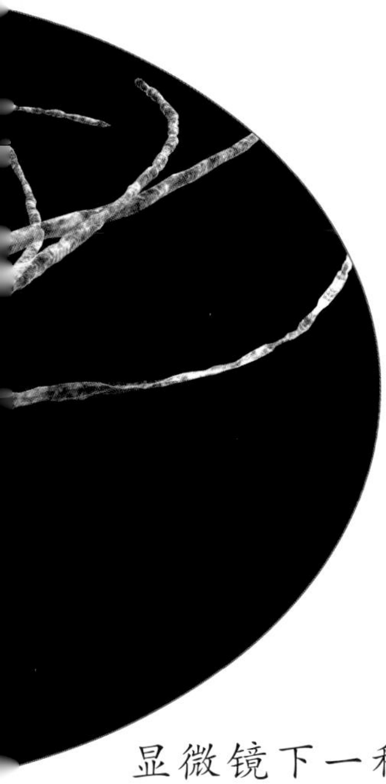

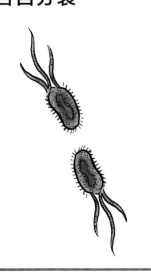

显微镜下一种毛发状延伸的细菌。

人们经常会特意培养大量的微生物，因为它们能为我们做很多有用的事情。酵母就是一种微生物，几百年来人们一直用它来制作面包，酿造啤酒和葡萄酒。随着酵母的发酵，它产生的气体会让面团越来越大。酿酒也是这个原理。

随着微生物在酵母里生长，面包会膨胀起来。

30分钟后

两个细胞都开始各自分裂

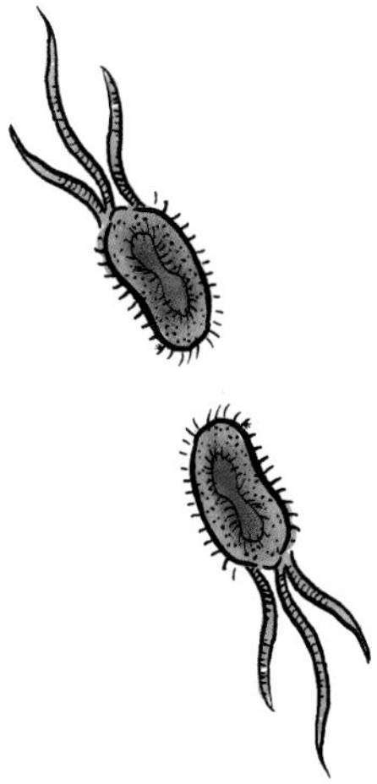

1小时后

复制仍在继续

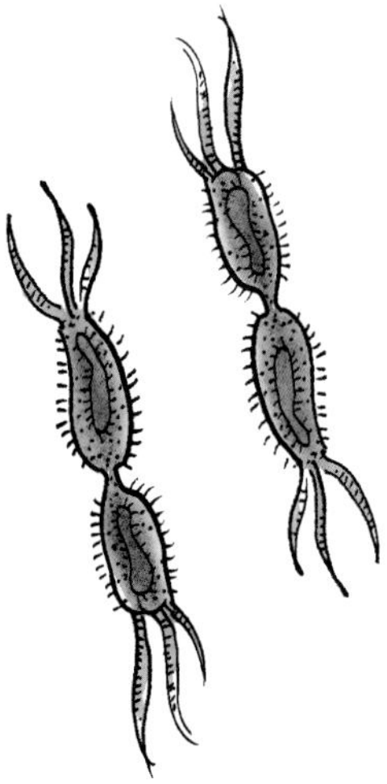

几小时后

很快就长成了一个大菌群！

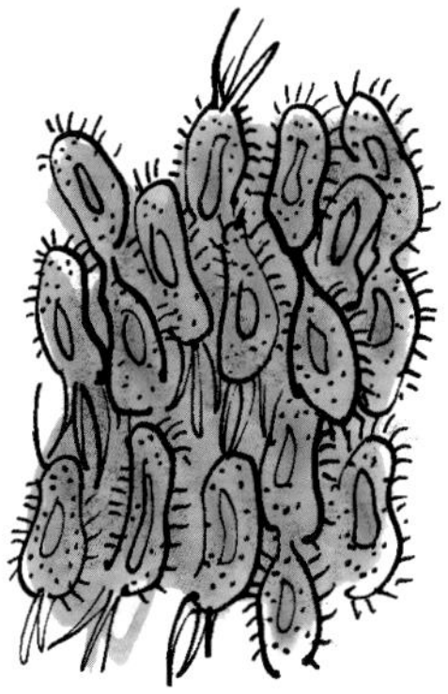

放大

照相机、望远镜和其他一些仪器都会用镜头来捕捉和反射光线。

中间厚、边缘薄的透镜被称为“凸透镜”，也被称为“会聚透镜”。用它来看物体，物体会变得更大。

眼镜可以帮助视力不好的人更清楚地看东西。

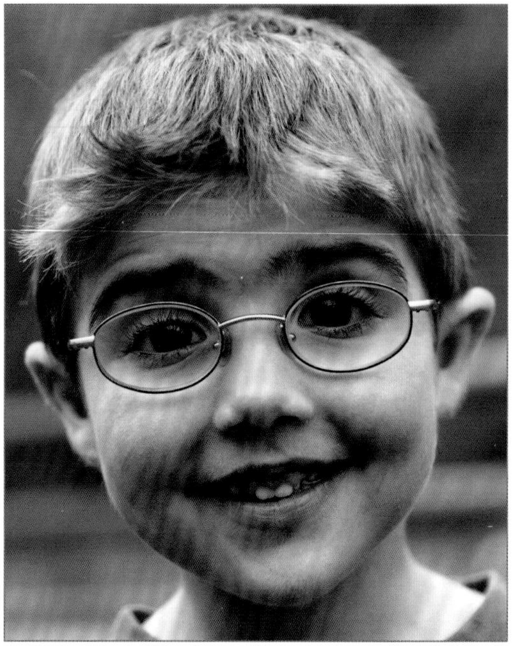

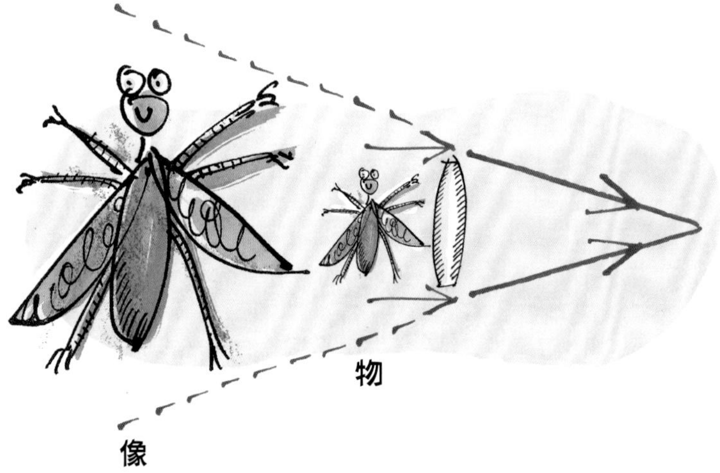

凸透镜

凸透镜会将我们看到的物体的光汇聚在一起，再通过视神经传给我们的大脑。远视的人们会用凸透镜来更快地聚焦光线。如果我们把凸透镜靠近某个物体，就会看得更清楚，因为凸透镜能放大这个物体。

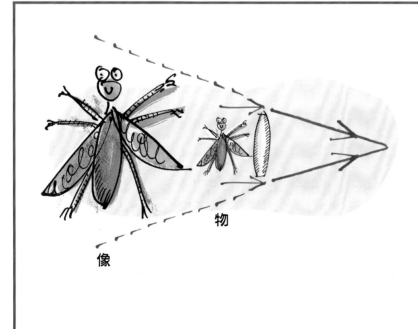

卫星天线

我们用来接收电视信号的卫星天线是一个大的凹面（形状像一个浅碗），与科学家用来研究太空的巨大的射电望远镜的形状一样。这两种天线都是用来接收来自太空的无线电波，并将它们聚集或聚焦在一起的。电波经过天线表面的反射后被接收器接收。

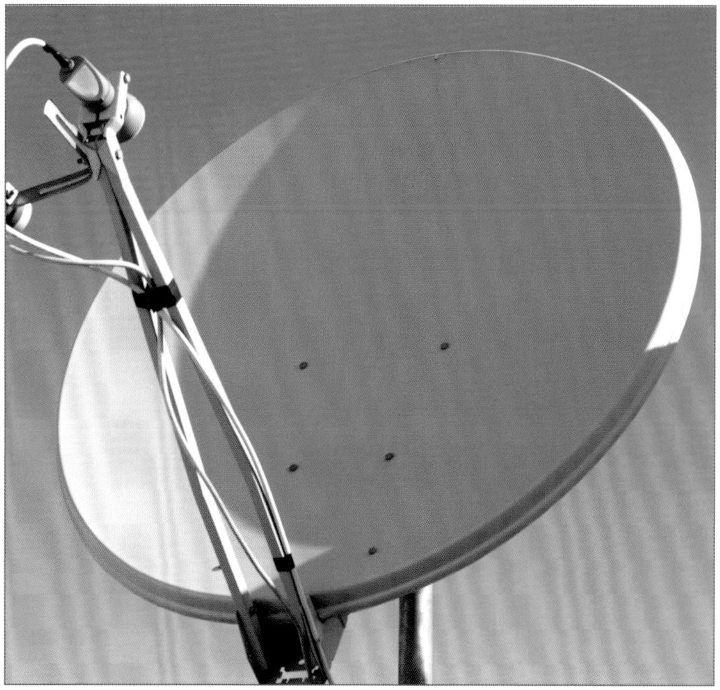

卫星天线的形状能够将信号反射并聚焦到中央接收器，然后再把信号发送给电视。

凹透镜

凹透镜会使光线散开，也被称为“发散透镜”。它被用来帮助近视人群慢慢地聚焦光线，让过早集合在视网膜前的光线恰好落在视网膜上。

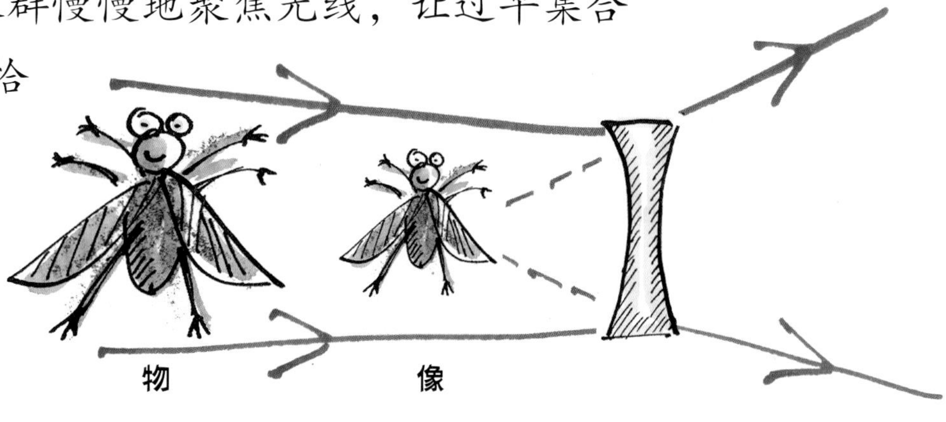

长一点点

人们会试着用各种各样的方式让东西增长。所有的增长都与加法或乘法有关。

头发变长

接发是把一定长度的真发或假发连接到靠近头皮的原有的头发上，让头发看起来更长。新接上的头发和原来的头发混合起来，可以摆动得更自然。有些接发在清洗、修整之前可以一次使用3个月。

块头变大

如果健身达人努力训练，适当饮食，就能打造一身肌肉。剧烈运动会导致肌肉纤维中的细胞分解、重建和强化。

钱变多

大多数银行和邮局不但会帮你看管好钱，同时还会付给你钱，加在你的储蓄金额之上。银行额外支付给你的这部分钱被称为“利息”，你存入银行的钱被称为“本金”。

利息分为两种。单利意味着每年会有一笔固定的钱加在你的本金之上。而复利的意思是本金和已经赚取的利息都可以生出利息，这意味着你的储蓄每年可以增加更多！

往外增多

石头落入水中时，涟漪朝着各个方向扩散，形成越来越大、越来越多的圆环。这些圆环被称为“同心圆”。

拥挤的地球

几百年前，一个名叫托马斯·马尔萨斯的人警告说，世界人口增长得太快了，粮食将会消耗殆尽。许多人都相信他的说法。如果每一对父母都生孩子，孩子又生孩子，以此类推，出生的人口越来越多，粮食供应不上，世界人口也许就会“爆炸”。

然而事实证明，全球性的粮食短缺问题并未出现。大约从1950年开始，全世界的农民想尽办法使小麦、水稻和其他作物的产量翻了一番。新的农业机械、新品种的种子和新的灌溉技术都起到了很大作用。

虽然现在大部分地区的粮食依然充足，但粮食短缺的危险在未来仍然存在。

试着为祖父母画一棵这样的家庭树，就能清楚地看出这个家庭的人数是如何变多的。

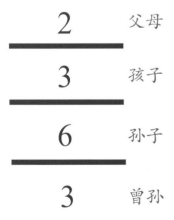

2	父母
3	孩子
6	孙子
3	曾孙

算一算，你的家庭人数是在增长还是在减少？别忘了你有两对祖父母。

在救济营里排队领取食物的儿童。

我们需要更多附近的农民种植的农产品。

更多空间，更多食物

地球上已经有接近79亿的人口，但科学家预计，到2050年人口数量将增加到92亿。

而更重要的是，如果要提高生活水平，我们可能需要现在所消耗的两倍多的食物和饮用水来养活每个人。

小测试

1.哪一类动物有助于传播花粉?

2.在草纸上给我们留下85道谜题的古埃及数学家是谁?

3.当一个数字乘10时，在它后面加个什么数字就能得到答案?

4.哪种微生物可以帮助我们制作面包?

5.凸透镜对我们观察物体有什么作用?

6.谁警告说地球上的人口增长得太快，可能会导致粮食短缺?

7.在5倍乘法表中，所有答案必须以哪两个数字结尾？

8.在查尔斯·狄更斯的著名故事中，奥利弗·退斯特想要更多的什么？

9.用什么术语来表示你存入储蓄账户的钱？

10.你的消化系统中可能存在多少微生物？

答案：1.昆虫　2.雅赫摩斯　3.0　4.酵母　5.放大
6.托马斯·马尔萨斯　7.5或0　8.粥　9.本金
10.1千克

索引

数学知识点

拓展知识点

·生活中的数学真有趣，有趣就会有兴趣·

减法真有趣

［英］盖里·巴利　菲利希亚·洛／著

［英］马克·比奇／绘

美国兰登书屋／组编

罗　颖／译

浙江科学技术出版社

小读客童书

著作合同登记号 图字：11-2022-074号

图书在版编目（CIP）数据

生活中的数学真有趣，有趣就会有兴趣. 减法真有趣/(英)盖里·巴利，(英)菲利希亚·洛著；(英)马克·比奇绘；美国兰登书屋组编；罗颖译. -- 杭州：浙江科学技术出版社，2022.9

书名原文：Simply Maths

ISBN 978-7-5739-0227-6

Ⅰ. ①生… Ⅱ. ①盖… ②菲… ③马… ④美… ⑤罗… Ⅲ. ①数学—儿童读物 Ⅳ. ①O1-49

中国版本图书馆CIP数据核字(2022)第148316号

书　　名　生活中的数学真有趣，有趣就会有兴趣. 减法真有趣
著　　者　［英］盖里·巴利　菲利希亚·洛
绘　　者　［英］马克·比奇
组　　编　美国兰登书屋
译　　者　罗　颖

出　　版　浙江科学技术出版社
网　　址　www.zkpress.com
地　　址　杭州市体育场路347号
联系电话　0571-85176593
邮政编码　310006
印　　刷　河北鹏润印刷有限公司
发　　行　读客文化股份有限公司

开　　本　1092mm × 1000mm　1/16
印　　张　20（全 10 册）
字　　数　400 000（全10册）
版　　次　2022年9月第1版
印　　次　2022年9月第1次印刷
书　　号　ISBN 978-7-5739-0227-6
定　　价　269.90元（全10册）

特邀编辑　唐海培
责任编辑　卢晓梅　责任校对　张　宁　责任美编　金　晖　责任印务　叶文炀
封面装帧　贾旻雯　内文装帧　陈宇婕　黄巧玲

我们的生活中，处处充满有趣的数学！

一些住得离人类近的动物也需要减肥；

动植物种类的消失被称为“灭绝”；

一个又一个新的发明减少了无知……

原来，所有的减少都与减法有关。

现在，一起进入有趣的数学世界吧！

拿走啦

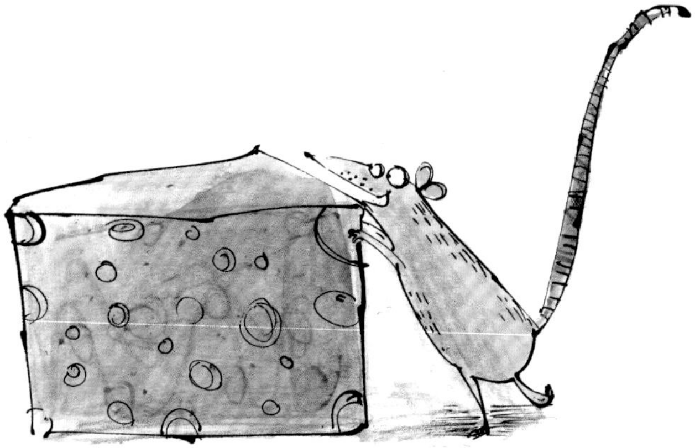

当我们想让一个东西变得小一点的时候，我们就会把它的一部分拿走。我们管这个叫“减法”。减法和加法是相反的。有时候，可能要拿走很大一部分，甚至比我们现有的还要多！

所有的这些计算都可以通过数学里的减法来实现。

当你用一个数减去另一个数，剩下的数就叫差。差永远比最初的那个数小。就像老鼠吃奶酪一样，它吃得越多，剩下的奶酪就越小。

数学小贴士：怎样表达“少”？

10扣除4 = 6

10减去4 = 6

10拿走4 = 6

10减4 = 6

比10少4 = 6

10和4之间的差是6

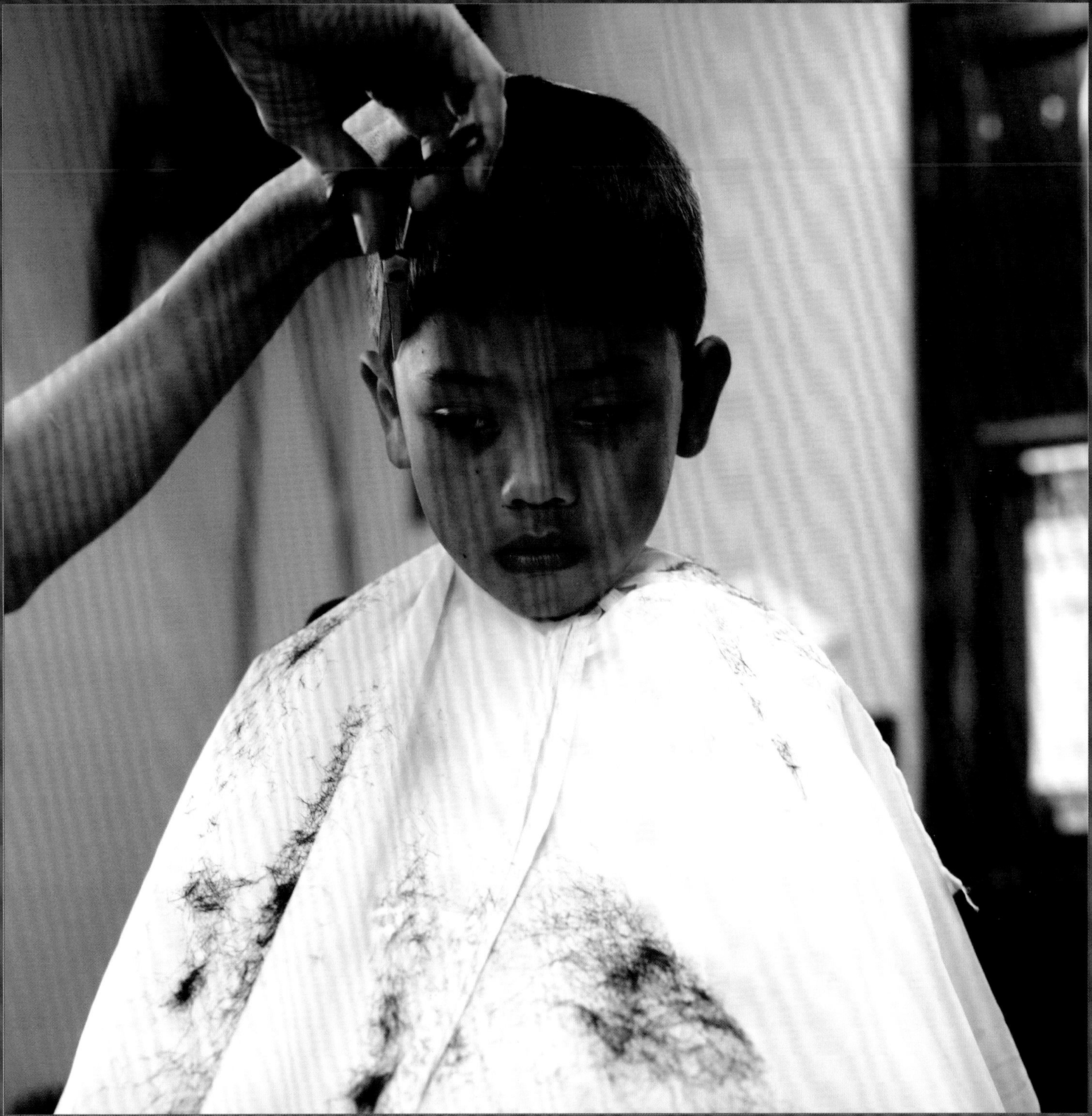

头发以每个月1.25厘米的速度生长，所以每个月剪一次头发，才能让它保持同样的长度。

10个绿瓶

减法的意思是拿掉，下面这首歌可以帮助我们理解“拿掉”的概念。最简单的减法，就是一次拿掉一个，即每次减去数字1。

没有人知道《10个绿瓶》这首歌是从哪里来的，但是多年以来，它都被人们用来解释减法是什么。这首歌是这样唱的：

10个绿瓶在墙上，
10个绿瓶在墙上，
如果掉下来1个，
9个绿瓶在墙上。

9个绿瓶在墙上，
9个绿瓶在墙上，
如果掉下来1个，
8个绿瓶在墙上。

……

1个绿瓶在墙上，
1个绿瓶在墙上，
如果掉下来1个，
没有绿瓶在墙上。

把歌里的减法写成算式：

10 - 1 = 9
9 - 1 = 8
8 - 1 = 7
7 - 1 = 6
6 - 1 = 5
5 - 1 = 4
4 - 1 = 3
3 - 1 = 2
2 - 1 = 1
1 - 1 = 0

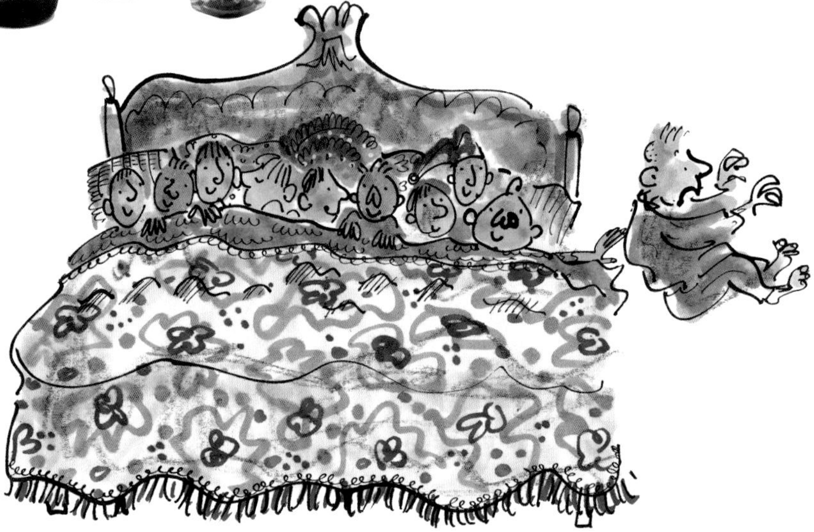

10个宝宝在床上

还有一首关于减法的歌《10个宝宝在床上》，也是这样一直重复，直到床上只剩1个宝宝，歌就结束了。

10个宝宝在床上，小小宝宝开口说：
“滚呀滚，滚呀滚。”
10个宝宝滚呀滚，1个宝宝掉下来。

9个宝宝在床上，小小宝宝开口说：
“滚呀滚，滚呀滚。”
9个宝宝滚呀滚，1个宝宝掉下来。

……

1个宝宝在床上，
小小宝宝说晚安！

倒着数

玩飞镖的人常常会把飞镖称为“箭”，因为飞镖最早出现在几百年前弓箭手的训练项目里，且外表看起来也像传统的箭。据说飞镖的起源是弓箭手的老师们缩短了箭的长度，让学生们朝一个空的木桶里投掷。

如今，玩飞镖的人会把“箭”往一个标着数字的板上投掷，根据落在板上的位置计分。但这个计分规则不是用加法，相反，他们在游戏开始时都有一个固定的分数，每次从这个数字里扣掉得分。

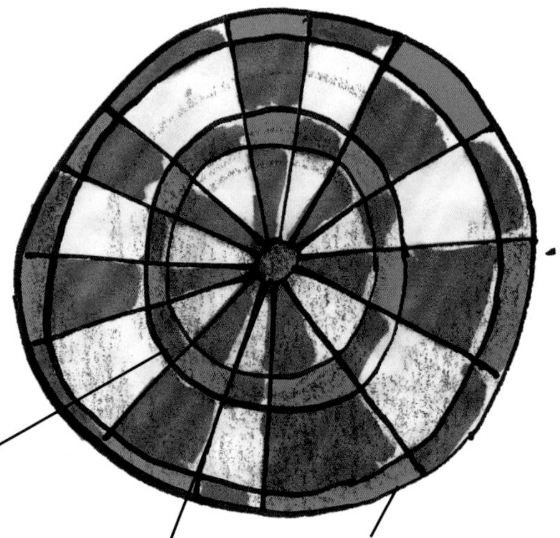

飞镖游戏

最流行的飞镖游戏叫“01”。

这个游戏风靡世界。每个玩家都有一样的初始分，如501分。谁先把分数降到0，谁就获胜。

飞镖运动员学习如何在比赛中快速做减法。

玩家轮流投掷，每次3枚飞镖，然后从初始分里扣掉得分。没有投中或者掉落的不得分，也不能重新投掷。

完成比赛

飞镖游戏里最难的部分在最后，叫“完成比赛”。首先达到0分的玩家获胜。为了提升这个游戏的难度，玩家在第一镖和最后一镖都必须计入实际得分的双倍。

退一步

毛衣太大了，要让它变得合身，唯一的办法就是一针一针、一行一行地拆，但这也是最慢的办法。

每次去掉1，看看剩下多少，这确实是减法，但更简单而且更快的方式是直接减去更多。这就意味着要找到两个数字之间的差。以缩短毛衣为例，如果从每只袖子的160行中直接减去50行，衣服就合身啦！160行减去50行还剩110行。

$$160-50=110$$

缩减开支

大家庭得住在大房子里，可是一旦孩子们长大离开家了，只有父母住这个房子就会空出很多房间。于是，他们开始讨论换小房子以缩减开支。住小房子可以节省维护房子的费用，把省下来的钱花在其他地方。

假设你家租房子每个月需要花6000元，而租小公寓只需要花4000元。缩减开支后，你每个月就可以多2000元。所以，住一个不那么贵的房子就意味着存在银行的钱能多一点。

6000－4000＝2000

大车换成小车

大车很贵，需要很多钱才能买到，而且保养、维修和加汽油都需要很多钱。随着石油资源越来越少，汽油的价格也越来越贵。

这就是很多人决定买小车的原因，小车的价格和日常开销都花费更少。如果你不用载很多人，小车是短途旅行的完美之选。当你停车的时候，小车也很容易停进一个大车根本挤不进的停车位。

减肥

承受肥胖或超重之苦的不仅仅是人类，动物园里的动物们也经常需要减肥，因为根据科学家们的计算，很多动物已经太胖了，超出健康体重近20%。

在兽医让猫咪叮叮吃特制饮食和给它制订减肥计划之前，它的体重将近10千克。

为午餐狩猎

以前，很多动物园里的动物体重超标，是因为被游客和饲养员同时投喂。现在这种情况很少发生了，因为动物园已经禁止游客投喂动物。然而，超重的问题依然存在，因为动物们没有得到足够的锻炼，没法消耗它们吃掉的食物。有一个解决办法是把食物撒在各处，这样动物们就得耗费精力到处寻找它们。

如果这只老虎在野外生活，正常情况下，它一天会跑动和攀爬几十千米。

食垃圾而肥

住得离人类近的野生动物往往都容易肥胖，因为它们只需要在垃圾桶里面翻找食物，或者把地上的食物捡起来吃掉，根本不用去捕猎，消耗的能量就变少了。

精瘦的野生动物

生活在野外的动物很少有超重的，因为它们中的大多数都吃不饱，不饿的时候也不会进食。与此同时，野生动物也很挑剔，只吃猎物最好的部分，比如肾脏、大脑，或者只吃年轻的猎物，不吃年老的猎物。

很少有野生动物会大吃大喝。它们不发胖的另一个原因是进食的时候容易受到攻击，所以它们花在吃上的时间越少，就越安全。

给生活做减法

圣雄甘地是印度民族解放运动的领导人，那时的印度正处于英国殖民统治之下，而印度人民正开始反抗。甘地对人们的教诲都基于他的信念：每个人都应该过简单的生活。

甘地在古吉拉特邦的萨巴马提定居，并建立了一个社区，他的家人和追随者可以在这里一起生活、工作。

甘地曾在英国学习成为一名律师，也先后在南非和印度工作过。他一生致力于反对不公正的法律并帮助人民。

3
这种饮食可以净化我的身体和心灵。

与许多印度教教徒一样，甘地一生大部分时间都是素食主义者，只吃坚果、水果，喝羊奶，而且经常连续禁食好几天。

甘地抛下了他的西装和领带，像一个谦逊的印度村民一样，穿着朴素的棉质腰带和凉鞋。

他鼓励人们自己纺织棉花做衣服。纺纱是印度人制作布料的方式，这样他们就不用从英国进口布料。

甘地认为，人的行为方式比财产更为重要。

我的哲学是“活得简单点，让别人也简单地活着”。
6

他认为拥有财产——特别是房产——是造成不平等的原因，而不平等就会导致暴力，这是他所憎恶的。不幸的是，印度独立后爆发了许多战争，而甘地就是受害者之一。

余额不足

以前，人们会在电话亭先支付话费再打电话。现在，我们想要用手机打电话，也得先存一笔费用。这笔费用是我们手机里的“存款”，它的金额只有一个变化的方向——就是减少！

使用时长

每次使用手机打电话、发短信，或者从网上下载东西时，这笔“存款”都会相应减少。如果不经常使用手机，“存款”就能保持很长时间，但是如果经常花几个小时和朋友打电话聊天，那么很快就需要再次充值了。

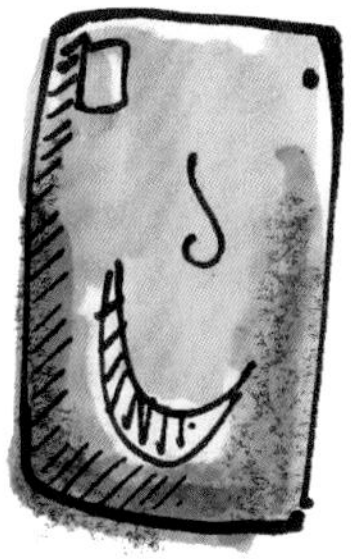

交通卡

在许多国家，公共交通也采用类似的系统。首先会有一张交通卡，上面记录卡里存了多少钱，然后每次乘坐交通工具时，费用都会从卡里的金额中扣除。

每次打电话时，用的都是预先存的电话费。

旅行卡

为了免除人们在国外旅行时因携带大量外币而带来的不便，一些银行正在尝试使用类似旅行卡的东西：人们可以把美元、欧元或英镑存在一张塑料旅行卡里，这样就可以在目的地轻松使用了。

余额耗尽

旅行卡或手机的存款耗尽可能会让人不知所措，所以当人们的存款余额很低的时候都会收到提醒，甚至可能会得到一笔用于紧急情况的透支额度，下次充值的时候再扣除。在一些国家，即便已经没有任何话费余额了，人们也可以使用电话报警或叫救护车等紧急服务。

一滴滴流走

随着世界人口的增加，我们对土地、食物、石油和水的需求也越来越多。

水是宝贵的自然资源。

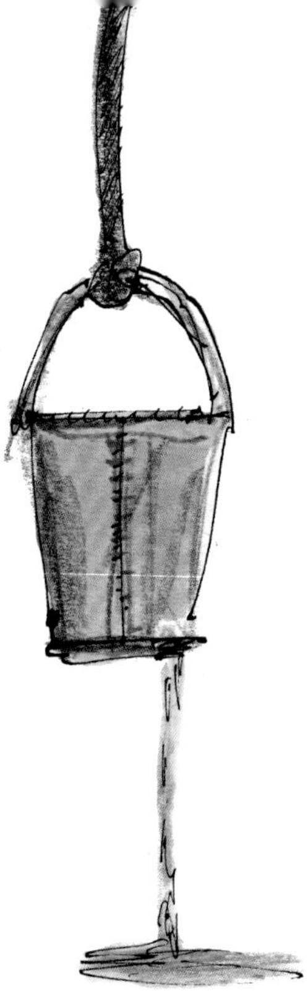

水变少了

总的说来，水资源可以满足每个人的基本需求。根据联合国的数据，人们每天用于饮用、洗涤、做饭和打扫卫生的水至少需要50升。但是，世界上有大约$\frac{1}{3}$的人口生活的国家并没有足量的水可供使用，到2025年，这一数字预计将上升到$\frac{2}{3}$。

我们常用图表来清楚地展示这样的信息。

柱状图

数学小贴士：用图形记录

关于水的信息可以用图表来记录，这样能让人一目了然。

柱状图用色块的高低来表示数字的大小。

折线图用上升或下降的线来表示信息的变化。

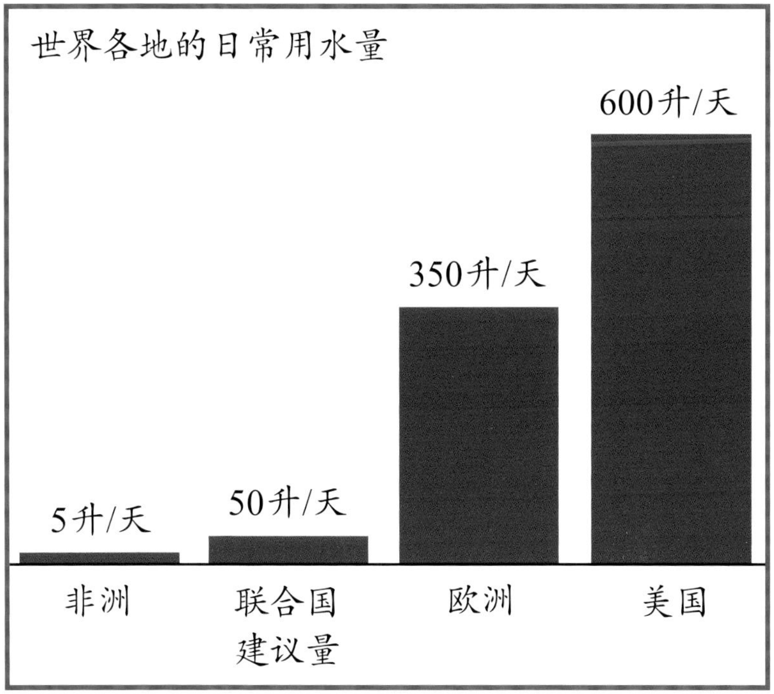

折线图

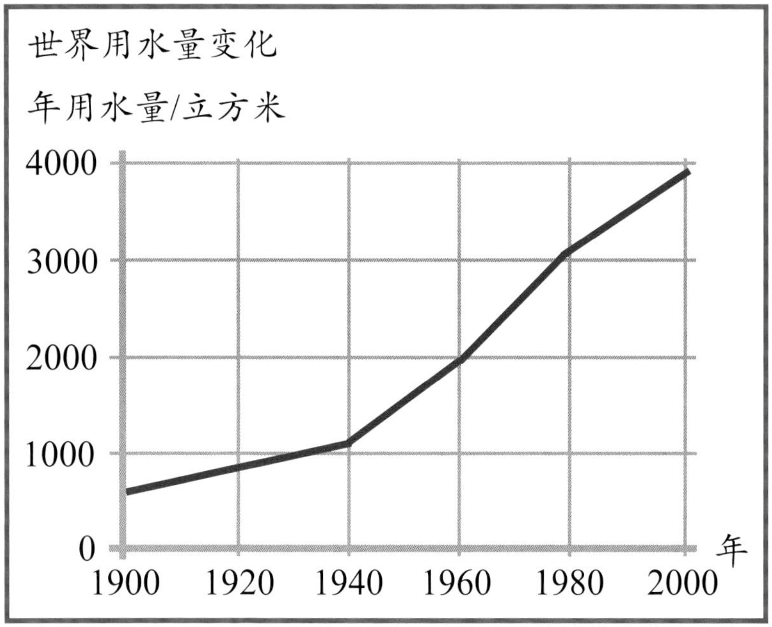

消失的动物

除了算术上的减少，生活中还有很多东西也会减少。地球上动植物种类的消失被称为“灭绝”。例如，在300多年前，一种名为渡渡鸟的不会飞的鸟就灭绝了。

红色名录

世界自然保护联盟（IUCN）会收集地球上每一种动植物的信息，包括减少的数量及速度。这些信息定期记录在世界自然保护联盟的红色名录里，分类如下：

灭绝
受威胁（极危、濒危、易危）
近危

熊猫问题

中国的大熊猫以吃竹子为生。有些种类的竹子每隔100年开花一次，然后就枯萎了，需要过几年才能再生长出来。这个问题在20世纪70年代末出现过，造成了数百只大熊猫的死亡。这些熊猫的生存依靠竹子的生长，如果竹子消失了，熊猫的生存也会受到严重威胁。

大熊猫只吃竹子就可以获得所需的全部营养。

什么都没有

你可能认为0就是没有，也没有任何意义。毕竟，任何一个数字都比0要大。但0本身也是一个数字。事实上，在我们的数学系统中，0是一个重要的数字。

数学小贴士：减去数字

当你从一个数中减去0时，差和这个数一样。所以：

5 − 0 = 5

12 − 0 = 12

如果你用0减去一个数字，你会得到这个数字的负数。所以：

0 − 5 = −5

0 − 12 = −12

数字0最早由印度人开始使用，然后传到中国，并在1000多年前又传到阿拉伯世界。

当时，如果十位或百位上没有数字，印度人就会用一个小圆圈来填充空格，叫“sifr”，作为占位符。

当阿拉伯数字和数学传到欧洲时，“sifr”变成了“zefiro”，然后被缩写为“zero”，也就是0。

结绳记数

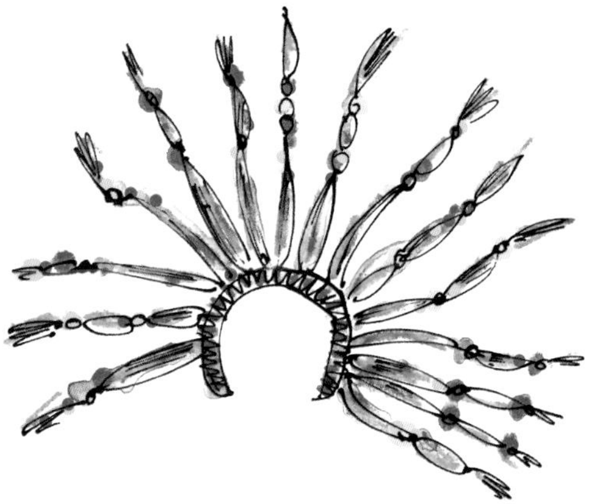

秘鲁的印加人用一种叫“奇普”的装置来记录数字。他们和我们一样，以十进制计数，也会使用数字0。奇普是一根打结的绳子，每个结代表一个数字。如果有些位置没有结，就代表那里是0。

负数是从0往后算

正数是从0往前算

南极洲的一个气象站记录了有史以来最低的温度，大约-90℃。

比0还小

小于0的数叫“负数”，我们在许多情况下都会用到它，尤其是测量温度的时候。天气很冷时，温度可能会降到-2℃，甚至更低。

藏在里面

传统的俄罗斯套娃闻名于世，但其实它们的历史并没有很久。第一个套娃是1890年在一个名叫萨瓦·马蒙托夫的俄罗斯商人的工作室里制成的。

套娃就是不同大小的娃娃一个套一个，大的里面套小的，小的里面再套更小的，以此类推。所以，从最大的娃娃开始，里面的娃娃越来越小，这样每一个娃娃才能完全嵌套上。

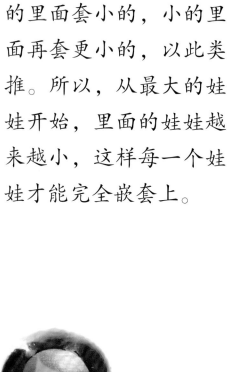

玛特罗什卡（套娃）

在俄罗斯农民们说的古俄语里，“马特里奥娜”或“马特里莎”都是常用的女性名字，可能源于拉丁语的“马特”，意思是母亲。在典型的套娃里，最大的是一个女人，代表母亲，其他小娃娃代表家庭成员。套娃被称为“玛特罗什卡”，就是农民们对母亲的称呼。

许多传统的套娃描绘的是一个家庭，最大的代表母亲，最小的可能代表宝宝。

套娃的尺寸

人们会把套娃做成不同的尺寸，但有一个传统是不变的——娃娃的高度正好是宽度的两倍，也就是2：1的比例，意味着一个尺寸是另一个尺寸的两倍。

钱没了

我们都喜欢花钱，钱能带给我们想要的东西，让我们舒心——而且也不难嘛！我们可以花钱买很多东西，但是最好只花已有的钱。如果花得小心，一切就还好说，如果乱花钱，可能就会惹上麻烦。

全球的年轻人每年要花掉数十亿美元。随着年龄的增长，金钱将在你的生活中扮演更重要的角色。你得知道如何节省开支，才不会花得比挣得多。

少了6便士

米考伯先生是英国作家查尔斯·狄更斯的书《大卫·科波菲尔》中的著名人物。这位英国作家写了许多关于19世纪英国人生活的小说，当时负债累累的人们过着非常艰难的日子。

据米考伯先生说，摆脱债务的方法就是平衡账目——精确到每一分钱。

年收入：20英镑。

年支出：19英镑19先令6便士。

结果：幸福。

年收入：20英镑。

年支出：20英镑0先令6便士。

结果：悲惨。

顺便说一句，米考伯先生并没有实践他所宣扬的理念——所以他最终因为负债累累被关进了监狱！

降价

很多商店一年至少会更新两次库存，夏装下架，冬装上架；旧款下架，新款上架。为了给仓库腾出空间，还没卖掉的商品就会降价出售。打折时间到！

但其他时间也可能会降价促销。如果两个商家卖同样的商品，就可能会开始打所谓的“价格战”，提供更低的价格互相竞争，双方都想把价格降得比对方低。

减少无知

就在几百年前，大多数人都还生活在小村庄里，每天都在地里劳作，一生也没有去过几千米以外的地方。他们的知识仅来源于周围的事物和从别人那里听到的消息，对广大的世界一无所知。但一个又一个的发明改变了这一切！

印刷机 1455年

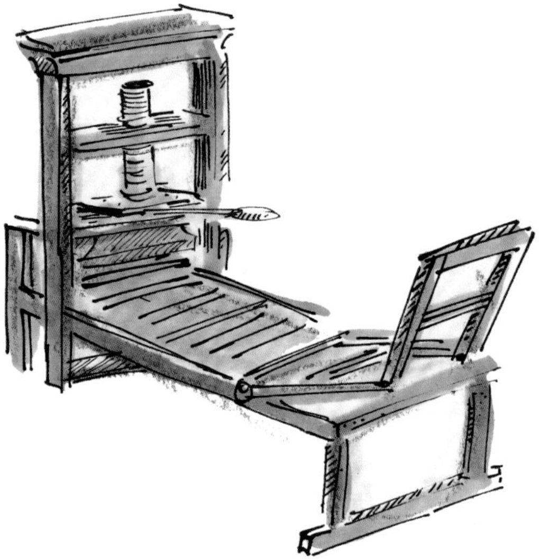

德国商人古登堡发明了印刷机。印刷机的出现，意味着可以生产更多的书，供更多人阅读。阅读能减少无知。

电报 1871年

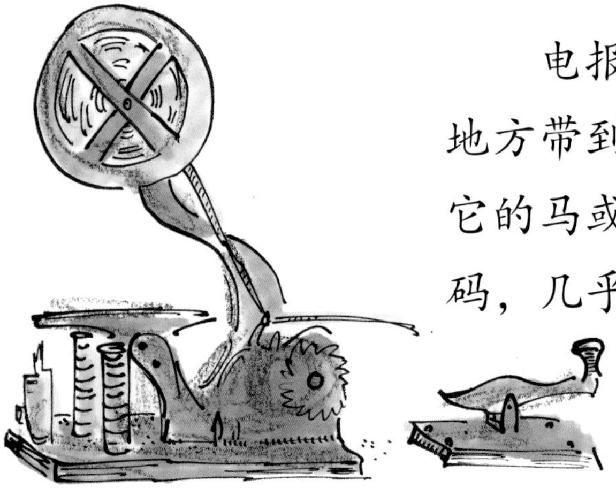

电报发明之前，人们必须把信息写下来，并从一个地方带到另一个地方，所以信息移动的速度只能和载着它的马或马车一样。而电报通过电线连接并发送电子代码，几乎可以同步传递信息。

电话 1876年

美国发明家亚历山大·格雷厄姆·贝尔发明了电话，这意味着人们即使是远距离，也能通过口耳相传的方式获得信息。

无线电 1901年

意大利工程师伽利尔摩·马可尼发明了一种利用无线电波传送信息的方法。到了20世纪20年代，常规无线电广播将信息远距离传送给人们。如今，无线电信号用通信卫星向全世界传递新闻。

电视 1924年

电视的发明意味着人们第一次能够实时看到远处发生的事情，可以同步收看全球大事了。

互联网 1989年

信息时代的曙光伴随着计算机的发展和互联网的广泛使用到来了。任何一个拥有电脑或手机的人都可以轻而易举地获得信息。互联网上有数不尽的信息供我们使用。

小测试

1.减法计算后剩余的数叫什么？

2.请说出3个与“减去”意思相同的词。

3.俄罗斯的套娃为什么又叫“玛特罗什卡”？

4.与减法相反的计算是什么？

5.大熊猫生活在哪个国家？

6.比0还小的数叫什么？

7.哪位印度领导人倡导“简单的生活”理念？

8.印加人用来计数的打结的绳子叫什么？

9.为了提升游戏难度，飞镖的第一镖和最后一镖必须得什么分数？

10.伽利尔摩·马可尼和什么发明有关？

答案：1.差　2.拿掉、扣除、减少　3.代表对母亲的称呼
4.加法　5.中国　6.负数　7.圣雄甘地　8.奇普
9.双倍分数　10.无线电

索引

数学知识点

拓展知识点

·生活中的数学真有趣，有趣就会有兴趣·

除法真有趣

[英] 史蒂夫·威　菲利希亚·洛 / 著

[英] 马克·比奇 / 绘

美国兰登书屋 / 组编

罗　颖 / 译

浙江科学技术出版社

小读客童书

著作合同登记号 图字：11-2022-074号

图书在版编目（CIP）数据

生活中的数学真有趣，有趣就会有兴趣. 除法真有趣/(英) 史蒂夫・威, (英) 菲利希亚・洛著；(英) 马克・比奇绘；美国兰登书屋组编；罗颖译. — 杭州：浙江科学技术出版社, 2022.9

书名原文: Simply Maths

ISBN 978-7-5739-0227-6

Ⅰ. ①生… Ⅱ. ①史… ②菲… ③马… ④美… ⑤罗… Ⅲ. ①数学－儿童读物 Ⅳ. ①O1-49

中国版本图书馆CIP数据核字(2022)第148306号

书　　名	生活中的数学真有趣，有趣就会有兴趣. 除法真有趣
著　　者	［英］史蒂夫・威　　菲利希亚・洛
绘　　者	［英］马克・比奇
组　　编	美国兰登书屋
译　　者	罗　颖

出　　版	浙江科学技术出版社	网　　址	www.zkpress.com
地　　址	杭州市体育场路347号	联系电话	0571-85176593
邮政编码	310006	印　　刷	河北鹏润印刷有限公司
发　　行	读客文化股份有限公司		

开　　本	1092mm × 1000mm　1/16	印　　张	20（全 10 册）
字　　数	400 000（全10册）		
版　　次	2022年9月第1版	印　　次	2022年9月第1次印刷
书　　号	ISBN 978-7-5739-0227-6	定　　价	269.90元（全10册）

特邀编辑　唐海培
责任编辑　卢晓梅　　责任校对　张　宁　　责任美编　金　晖　　责任印务　叶文炀
封面装帧　贾旻雯　　内文装帧　陈宇婕　　黄巧玲

我们的生活中，处处充满有趣的数学！

当我们把财富分配给他人，这是分享；

当我们给别人讲述一个笑话或秘密，这是分享；

当我们和他人共享空间和时间，这也是分享……

原来，除法就是“分享”的数学表达。

现在，一起进入有趣的数学世界吧！

分给每个人

我们都会和别人分享东西。当我们坐在一起吃饭的时候，会传递盘子让每个人都能拿到食物，这就是分享。当我们和朋友一起庆祝生日，或者给别人讲一个笑话、一个秘密，这也是分享。我们把东西分成许多更小的部分，这样其他人就可以拥有其中一部分。

除法是“分享”的数学表达。有时我们会把东西分开，让每个人都得到相等的一份；有时有些人比其他人分到更多。有时我们会发现总数不够每个人分，有时分完又会剩一点。这些剩余的部分就被称为“余数”。

数学小贴士：除号

除法像减法一样，会让结果变小。它使用的符号是“÷”。如果我们想写8除以2等于4，我们可以写成8 ÷ 2 = 4

3只小猫在分享1碟牛奶。

愚蠢的银行劫匪

抢劫犯比尔有一个大胆的计划，他打算抢劫镇上的银行。比尔花了很多时间计划如何把钱偷出来，也花了同样多的时间盘算如何把这些钱花掉——事实证明，他更该多花点时间在学校学数学。

上午10点05分，比尔带着他的同伙杰克、亨利、卡文和芬格进了银行。

上午10点08分，该团伙打开保险箱，将现金塞进麻袋。比尔计划只用4分钟完成这项任务。

上午10点45分，他们带着赃物回到秘密窝点。

抢劫犯比尔很高兴。抢劫进行得很顺利，他面前的那堆钞票一共有35 000美元，每个人能分到很多。现在比尔的任务就是把钱分给大家，然后大家就可以各自远走高飞了。

一张给杰克，一张给亨利，一张给卡文，一张给芬格，一张给我……

上午11点45分，他还在数。

当警长赶到的时候，他仍然在数……

于是，警长把他们都逮捕了。

不幸的是，比尔在学校没有好好听课，没学会下面的除法运算。他只知道一种分钱的方法，那就是把钱一张一张地数出来，分成相等的5份。

$35\,000 \div 5 = 7000$

公平分享

有时候，保障每个人都分到相同的数量非常重要。例如，纸牌游戏开始的时候，每个人都有相同数量的牌，这样才不会出现因拿到的纸牌多而占优势的情况，使游戏失去公平性。

两边一样多

如果你和朋友一起踢足球，两名队长轮流挑选队员，两支球队的球员数量必须相同，这样的比赛才公平。如果一个队的球员比另一个队的多，比赛就没意义了。

桌上足球有两队队员。

一个都不能少

我们在融入更大的群体时学会了分享。比如上学时，我们会参加体育运动，或舞蹈、戏剧等其他活动。有时候大家平均分享，有时候并不会。

如果参与戏剧和表演，我们很快就会发现，每一场演出都有主角和配角。虽然成为演出中的主角令人兴奋，但每个角色在故事的表演中都非常重要。

在音乐剧《奥利弗》中，小偷费金是主要角色，合唱团男孩们是配角。

不均等

有时，不均等的分配就代表着不公。有些人坐下来吃饭时非常贪婪，吃的数量远远超过他们自己的那份。有些人非要占着他们不需要的东西，而真正需要的人却得不到。

分担工作

如果你想完成一项工作，你可以自己做，也可以请别人帮你，还可以考虑是大家一起完成工作，还是将工作分成不同的任务，由大家分头完成。

机器人在汽车装配线上分担工作。

流水线

在汽车厂，人和机器人往往分担不同的工作。流水线上的汽车从一个工序传到下一个工序，最后被组装起来。

机器人2给车喷上底漆。

机器人1将车身部件焊接在一起，形成成品车身。

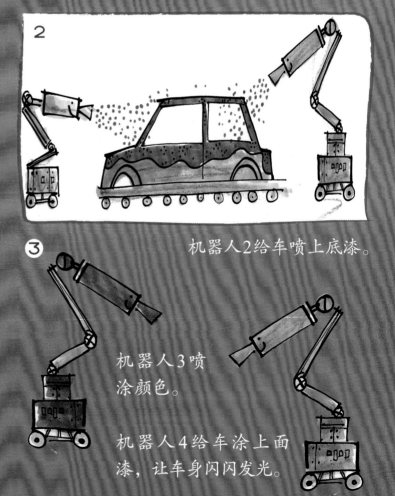

③

机器人3喷涂颜色。

机器人4给车涂上面漆，让车身闪闪发光。

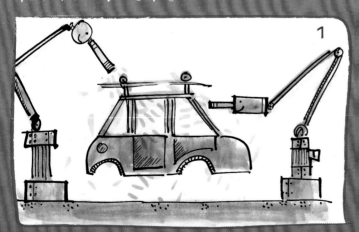

分工

让不同的人做不同的工作，这种分担工作的方式，就叫“分工”。这个办法经常用在工作和生活中，也是团队活动的一部分。在大多数工作和团队中，你扮演的角色取决于你的技能——你会什么，你有什么经验，以及你做得最好的是什么。

5

与此同时，技术人员已经组装好了发动机。

机器人5将发动机放进车身里。

运输车把新车从工厂里运出。

在装配线上，汽车的所有部件都由不同的工人安装。要造出一辆车，必须有30 000多个汽车零件全部到位。

机会均等

男人和女人

男性和女性分工的这个概念可以追溯到很早以前。那时候，男人们去打猎，而女人们则待在山洞里照顾孩子、准备饭菜。在现代社会中，部分女性和男性仍然扮演着这样的传统角色。

但现在，越来越多的女性期望能与男性享受平等的待遇。在同样的培训和工作里，女性往往都能获得和男性一样的成功。

粉红色和蓝色

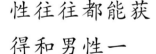

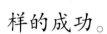

如果你走进西欧和美国的婴儿服装店，就会看到很多粉红色衣服和蓝色衣服。这两种颜色的使用最早出现在1868年出版的文学作品《小妇人》中，主人公艾米在双胞胎黛西和德米身上分别系了一个粉红色的蝴蝶结和一个蓝色的蝴蝶结，这样人们就能分出女孩和男孩了。

在其他国家，人们对颜色有不同的看法。例如，在亚洲的部分地区，人们更喜欢给婴儿穿红色的衣服。

分担工作

有些工作需要一周七天没日没夜地做。能实现的唯一方法是分组轮班，每个人都在自己的部分结束后把工作移交给下一个人。有些人则想要一份能让他们有空做其他事情的工作，特别是当他们还在学习，或者已经从全职工作里退休的时候。

队列里的女兵和男兵。

带着小宝宝的女人们经常既想回到职场，又想有更多的时间陪伴孩子。“分担家务”是最完美的解决办法，男女双方可以每人分担一部分来共同完成家庭目标。

分担危险

许多年以前就开始有女性在军队中服役了，但只有包括挪威、加拿大、荷兰、法国、以色列和德国在内的少数国家允许女性真正进入战场。但女兵们表示，她们喜欢来自军旅生活的挑战。

量量各部分

我们可以用不同的方式记录分割事物的过程，既可以简单地把数字进行分割，例如，10除以4得到2份的4，剩余2，也可以使用其他计算方式来记录。

测量各部分

当我们分享诸如钱或饮料等东西的时候，我们需要记录是如何分享的，以及分得是否平均。我们可以使用分数，如$\frac{1}{2}$和$\frac{1}{4}$，也可以使用小数，如0.5，意思就是$\frac{1}{2}$，也可以用百分数来表述，如50%。

数学小贴士：分成几个部分

当我们把一个比较大的数字——如10分成几个部分时，我们可以把这些部分写成分数：$\frac{1}{10}$

也可以写成小数：0.1

还可以写成百分数：10%

在右边这家超市，每种产品都分配到了大致均等的货架空间。

Ehrmann
Almighurt
1.09
1.09
1.09
0.29
Almighurt
Ehrmann
Almighurt
Fantasie
1.09
1.09
1.09
Joghurt auf Frucht
Landliebe
0.49
MÖVENPICK
MÖVENPICK
MÖVENPICK
Landliebe
Fruchtjoghurt 1,5 % Fett
Fruchtjoghurt 1,5 % Fett
joghurt 3,8 % Fett
MARK BRANDENBURG
0,1%
Frucht-
joghurt
0,1%
0.49
Fruchtjoghurt
"Landliebe"
0.49
0.59
Qualität aus
Mark Brandenburg
Fruchtjoghurt
0.29
Ravensberger
Splits
12 x 200 g
Splits
12 x 200 g
Splits
12 x 200 g
Yogogrande
Yogogrande
Yogogrande
Zott
Sahne
Joghurt
Sortierung
Schlemmer
Zott
Sahne Joghurt
Zott
0.25
Yogogrande Rahmjogh.
"Bauer"
0.45
Schokosplits
Ravensberger
0.45
Sahnejoghurt
"Zott"
0.44
Zott
Sahne Joghurt
Zott

遗嘱

有些人死后会留下各种财产。从父母或其他亲属处获得财产就叫继承。

在国王或女王执政的国家，皇位是传给长子的。在英国，即使王子有姐姐，成为国王的也还是他。

有些国家只允许男性继承人继承遗产，这被称为“父系继承”。而在某些文化中，只有女性才能继承，这被称为“母系继承”。

也有国家的法律规定必须让所有子女平均分得遗产。法国就是如此。这不一定是个好主意，因为如果一个法国农民去世了，他的每个孩子都平均分得一块土地，孩子们死后，土地又继续被分割。随着时间推移，每个人分得的土地就越来越小，没法耕种了。

平均分配

有些国家的孩子们可以平均分得遗产，每个孩子分得$\frac{1}{5}$。

但是苏门答腊岛西部的印度尼西亚米南卡保人采用母系继承制，财产和土地从母亲传给女儿。

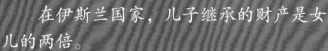

在伊斯兰国家，儿子继承的财产是女儿的两倍。

过去，在西班牙的加利西亚地区，虽然所有的孩子都能获得遗产的一部分，但只有一个儿子能得到遗产的大部分。

分享财富

地球上有许许多多的人需要帮助。如果你看了电视新闻报道，看到报纸上的呼吁，就会意识到那些生活在贫穷国家或饱受战争之苦的人的生活是多么艰难。

给予他人

我们都有需求和欲望。需求包括食物、衣服、住所等。除了需求，我们还希望拥有一些其他东西，如冰激凌、电子游戏和名牌服装等。

有时，我们习惯了拥有这些东西，就开始认为离不开它们，但实际上并非如此。如果我们把花在这些东西上的钱捐出去，就可以帮助那些在世界上不能得到公平资源的人。

你可以通过很多方式筹集资金，再捐给你最信赖的慈善机构。

1985年的"拯救生命音乐会"开创了用流行音乐为全球慈善机构筹款的传统。

慈善机构

慈善机构是向需要帮助的人提供帮助的组织。你可能听说过很多著名的慈善机构，也可能已经给它们捐过款了。如果每个人都能捐一小笔钱，那么很快就能汇成一大笔，用于改善人们的生活。

联合国儿童基金会

联合国儿童基金会（UNICEF）是一家为全世界儿童服务的慈善机构。它为一些人——尤其是女孩提供良好的基础教育，致力于向所有儿童提供拯救生命的药物，同时也帮助那些被迫参军或收入微薄的人。

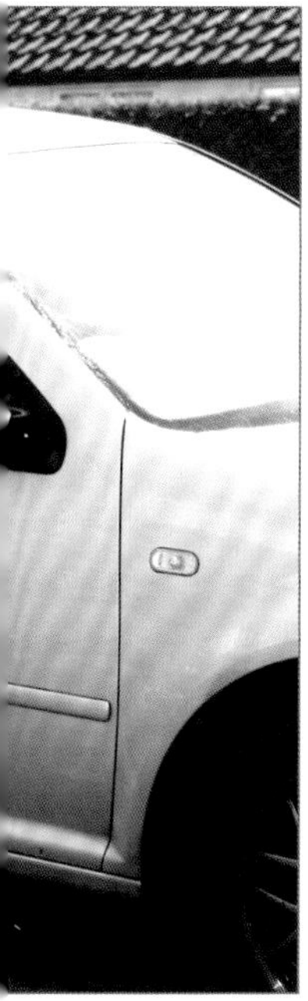

世界自然基金会

世界自然基金会（WWF）在100多个国家引导人们保护熊猫等濒危物种及其栖息地，也参与解决治理污染、过度捕捞和气候变化等问题。

劫富济贫

在我们生活的世界里，有些人有很多钱，而有些人食不果腹。罗宾汉是许多故事的主人公，他是一个被逐出家乡、只能藏身在森林里的年轻人。

当时，英国诺丁汉郡的治安官负责这一地区。他通过向每个人征收高额税款来筹集资金，即使最贫穷的人也得交税。

1
罗宾汉不服从我，从现在起，他将被逐出诺丁汉。

罗宾汉只得逃进了舍伍德森林里。

2
我打算藏到舍伍德森林里。

3
我们会与你一起的，罗宾汉。

“抢劫”大多发生在森林里，罗宾汉的手下对森林了如指掌。

他们的做法是拦下穿过森林旅行的富人，强迫富人们和他们一起吃一顿简陋的饭菜。富人们为罗宾汉他们的“热情好客”付出巨资后，才被允许上路。

罗宾汉认为，金钱应该被更公平地分配，所以他把从富人那里得来的钱分给了穷人。

没有人确切地知道历史上是否真正有过罗宾汉。但他的故事很有意义，因为它反对囤积财富，赞成更平均地分配财富。

英国诺丁汉的罗宾汉雕像。

分裂的城市

柏林

1990年，一道把西柏林和东柏林分隔了28年的屏障终于被完全拆除。这堵高高的混凝土墙，连同警卫塔、反装甲战壕和其他防御设施，使得被分隔在两边的亲人一直无法团聚。终于，柏林又成为一座完整的城市了！

从1961年8月到1989年11月，柏林墙将柏林城两边分隔了28年多。

墙壁啄木鸟

柏林墙修建起来后，不仅是柏林这座城市，连德国这个国家也被分成两部分：联邦德国和民主德国。1989年，柏林人决定，是时候改变了。11月9日后的几周里，他们带着锤子和凿子来到柏林墙前，一点点地开凿，还经常将碎片作为纪念品带走。于是他们获得了“围墙啄木鸟”或“墙壁啄木鸟”的昵称，因为他们就像森林中的啄木鸟一样。

布达佩斯

多年以来，匈牙利的首都一直在多瑙河西岸的布达镇。1873年，布达镇与北部的奥布达镇以及河对岸的佩斯镇合并，新合并的城市被命名为“布达佩斯”。

布达佩斯市现在横跨多瑙河两岸。

共享空间

如果我们住在乡村，邻居可能就在我们的旁边。但如果我们住在城市的公寓楼里，邻居就可能在我们上面、下面或侧面。

在世界的许多地区，城市拥挤，平坦的建筑用地非常稀少。在香港及其周边地区，750多万人挤在高高的摩天大楼里，上万人居住在60层以上的建筑物中。

香港高楼里密密麻麻的公寓。

开阔的空间

地球非常大，但大部分被海洋覆盖，而且大部分土地也不适合人类居住，如沙漠、冰原和山脉。但即便在全球人口接近79亿的今天，仍然有许多土地未被涉足。

挤在一起

你可能认为人们这样生活会感到拥挤，但研究表明，住在摩天大楼里的人们享受着这种亲密的生活，互相分享共有家园带来的友谊和社区感。

事实上，全世界的人聚集在加勒比海波多黎各岛上一起开派对都行，每个人甚至还有空间跳舞。

树往地下延伸的部分和地面上生长的部分一样多。

树上的生命

树叶中一种叫"叶绿素"的化学物质将阳光转化为树木的养分。

树木为种类繁多的植物和动物提供了家园。每种动物在周围的环境中都扮演着重要的角色。在生态系统中，树上的"居民"享用着栖息地好处的同时，也会给出回报。

昆虫和鸟类以树叶、汁液和树叶的芽为食。

昆虫和鸟类被大一些的动物捕食。

苔藓和地衣为昆虫提供食物。

苔藓和地衣长在树干上，并以此为生。

昆虫为鸟类和小型哺乳动物提供食物。

真菌在树根周围生长，帮助树木吸收重要的养分。

真菌依托树木而生，但并不伤害树木。

分享时间

我们常和朋友分享新发生的事以保持联系。我们可以面对面地和许多朋友交谈，也可以通过电话、短信或互联网分享我们的生活。

展示和讲述

在许多学校里，学生们会在“展示和讲述”课上分享自己最喜欢的玩具或爱好。在这个过程中，每个人都有几分钟的时间与全班分享自己的经历，每个人都有机会了解其他人，每个人也都会得到在全班同学面前讲话的机会。

互联网

人们可以通过互联网分享新闻和联系朋友。中国有超过10亿的网民，人们每天在互联网上分享生活中发

互联网是一种与亲朋好友分享日常生活的有趣方式。

生的新闻和照片。人们还用互联网来传递新闻，当看到重大事件——如洪水或地震时，他们可以立即发布图片和细节，并传播给世界各地的用户。

饼图

记录时间分配的一种方法是画一个饼图。一个圆被分成24等份，

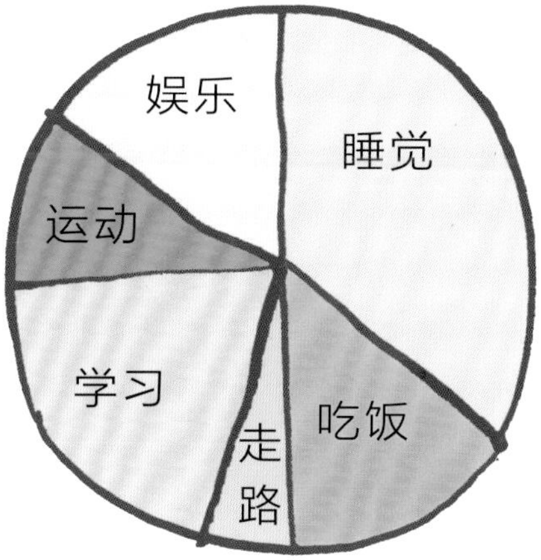

代表一天中的24小时。人们可以用不同的颜色记录每项活动的时间。

饼图还有很多其他用途。这张图记录了健康饮食所需的各种食物的比例——蛋白质、豆类、脂肪、水果、蔬菜和碳水化合物。

小测试

1.分享的数学表达是什么？

2.一辆车可能有多少个部件？

3.地球上的人口大约有多少？

4.不同生物共同栖息、共同生活的地方叫什么？

5.两个人共同承担一份工作，这种方式叫什么？

6.如何用百分比表示“一半”？

7.从去世的家人那里得到的钱叫什么？

8.WWF代表什么组织？

9.住在舍伍德森林的英国反叛者叫什么名字？

10.流经布达佩斯市的河流叫什么名字？

答案：1.除法　2.超过30 000个　3.近79亿　4.生态系统
5.分工　6.50%　7.遗产　8.世界自然基金会
9.罗宾汉　10.多瑙河

索引

数学知识点

拓展知识点

·生活中的数学真有趣，有趣就会有兴趣·

分数真有趣

［英］史蒂夫·威　菲利希亚·洛／著

［英］马克·比奇／绘

美国兰登书屋／组编

罗　颖／译

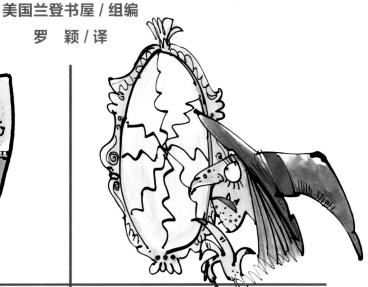

浙江科学技术出版社

小读客童书

著作合同登记号 图字：11-2022-074号

图书在版编目（CIP）数据

生活中的数学真有趣，有趣就会有兴趣. 分数真有趣/（英）史蒂夫·威,（英）菲利希亚·洛著；（英）马克·比奇绘；美国兰登书屋组编；罗颖译. -- 杭州：浙江科学技术出版社, 2022.9
书名原文: Simply Maths
ISBN 978-7-5739-0227-6

Ⅰ. ①生… Ⅱ. ①史… ②菲… ③马… ④美… ⑤罗… Ⅲ. ①数学 - 儿童读物 Ⅳ. ①O1-49

中国版本图书馆CIP数据核字(2022)第148318号

书　名　生活中的数学真有趣，有趣就会有兴趣. 分数真有趣
著　者　［英］史蒂夫·威　菲利希亚·洛
绘　者　［英］马克·比奇
组　编　美国兰登书屋
译　者　罗　颖

出　版　浙江科学技术出版社
地　址　杭州市体育场路347号
邮政编码　310006
发　行　读客文化股份有限公司
网　址　www.zkpress.com
联系电话　0571-85176593
印　刷　河北鹏润印刷有限公司

开　本　1092mm × 1000mm 1/16
字　数　400 000（全10册）
版　次　2022年9月第1版
书　号　ISBN 978-7-5739-0227-6
印　张　20（全 10 册）
印　次　2022年9月第1次印刷
定　价　269.90元（全10册）

特邀编辑　唐海培
责任编辑　卢晓梅　责任校对　张　宁　责任美编　金　晖　责任印务　叶文炀
封面装帧　贾旻雯　内文装帧　陈宇婕　黄巧玲

我们的生活中，处处充满有趣的数学！

一杯好喝的饮料离不开按比例制作；

一年四季的轮换也可以用分数表达；

一颗苹果，85%的成分都是水；

我们的地球，72%都是海洋……

现在，一起进入有趣的数学世界吧！

碎片

“1”是我们用来数数的最小的数字，但在所有数字里，它并不是最小的。因为数字1还可以被分解，变成更小的数字，我们叫它们“分数”。

把数字1分成相等的两份，叫“二等分”；分成相等的三份，叫“三等分”；还可以把它“四等分”“五等分”“六等分”“七等分”“八等分”“九等分”“十等分”等。

分得越来越小

甚至，1还可以被“一百等分”“一千等分”和“一百万等分”！事实上，每一个数字都可以被分解成分数，而每一个分数还能被分解成更小的分数。

只有把上百片的拼图碎片拼在一起，才能看出它本来的图案。

平均分

当我们要把一个东西平均分成若干份的时候，就会用到这种特殊的数字——分数。比如分蛋糕时，只要把一个蛋糕平均地切开，每个人就能拿到相同大小的一份。假设切成6块，我们拿到6块里的1块，我们就把它写作分数“$\frac{1}{6}$”。

分数

我们写分数的时候，一般画一条短横线，上下各写一个数字。

短横线叫“分数线”，分数线上面的数字叫“分子”，下面的数字叫“分母”。

这两个孩子中有一个是女孩，有一个是男孩，那么二分之一（$\frac{1}{2}$）是男孩，二分之一（$\frac{1}{2}$）是女孩。

$\frac{1}{2}$

这三个人中有一个是小孩，小孩占三个人中的一份，这个分数读作“三分之一”，写作“$\frac{1}{3}$”。

$\frac{1}{3}$

这四个人中有三个人支持蓝队，三个支持者占四个人的三份，这个分数读作“四分之三”，写作“$\frac{3}{4}$”。

$\frac{3}{4}$

真分数

如果一个分数的分母比分子大，我们就叫这个分数“真分数”。这样的分数永远比1小。

上面太重啦

分子比分母大也是可以的，我们把这种分数叫作“假分数”。这样的分数永远比1大。

12个演员在自行车上表演平衡杂技，上面太重啦！假分数看起来就是这个样子的。 $\frac{12}{2}$

一半一半

所有分数中，最常用的就是“二分之一”，意思是一个东西被平均分成二等份，写作“$\frac{1}{2}$”。

所罗门王断案

这是关于古代一个智慧国王的故事。他每天都会听大臣们汇报问题，并给出聪明的解决办法。有一天，两个女人来到他跟前……

1
这个女人想偷我的孩子！孩子是我的！
孩子不是她的，是我的！

2
我有一个解决办法，使你们每人都有一半的可能得到这个孩子。
是我的！
是我的！

半块面包

事实上，有很多格言或者谚语谈论“一半”。“半块面包亦胜无”讲的是不要太贪心，有半块面包总比什么都没有要好。“一鸟在手胜过两鸟在林”的意思也差不多，说的是人手上有一只鸟，虽然只有总数的一半，但也好过满脑子空想着林中两只随时可能会飞走的鸟。

3
你们两人同时争抢这个孩子，谁先把孩子拽过去，孩子就归谁。

4
不，不！我的孩子会在拉扯中受伤的，请不要伤害我的孩子！

所罗门王立刻看出了哪个女人才是孩子真正的母亲，因为只有真正的母亲才会担心孩子会不会受伤。他把孩子还给了真正的母亲，惩罚了另一个人。

四分之一

把东西平均分成四等份的分数就是“四分之一”，这个分数写作“$\frac{1}{4}$”。因为“四”是一个常见的数字，所以“四分之一”在日常生活中也经常使用。

季度账单

1年有12个月，可以被分成4个部分，每个部分的长度是3个月，这样的时间周期被我们称为“1个季度”。在国外，人们的水、电、燃气账单往往是按“季度”计费的。

4小节比赛

许多运动比赛都被划分为时间相等的两场，运动员们会在上、下半场之间进行中场休息。而美式和澳式橄榄球比赛是划分为时间等长的4个小节的。

美式和澳式橄榄球运动员们要比赛4个小节。

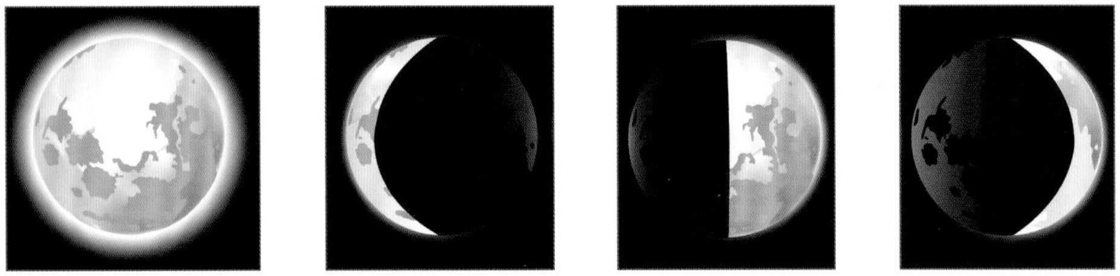

月亮每28天会慢慢地改变一次模样，这当中经历的4个主要阶段叫“4个月相”。

$\frac{1}{4}$美元

25美分硬币是1美元的$\frac{1}{4}$。25美分硬币最早出现于1796年，起源于被切割成8个楔形小块的西班牙银币（价值8个里亚尔），因此25美分硬币一度被称为“8个里亚尔”。

城市街区

许多城市都被划分成一个个的街区。耶路撒冷老城是新城中间用墙围起的一片城区，大致分为穆斯林街区、基督徒街区、犹太人街区和亚美尼亚街区4个街区。在很久以前，每个街区都有一个城门。

四分盾

中世纪骑士会手持盾牌作为防身武器，这种盾牌被分为4部分，每部分都会画上和骑士名字相关的图案。图中的这块盾牌属于骑士赫维格·培尔特里。

耶路撒冷老城

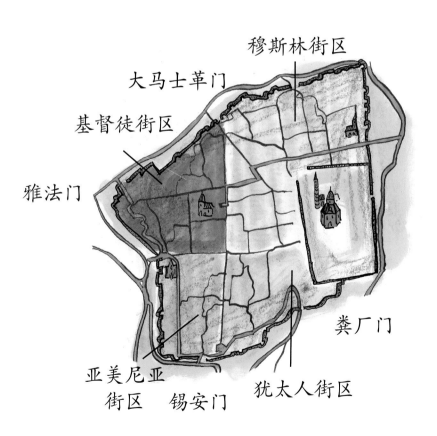

饼图

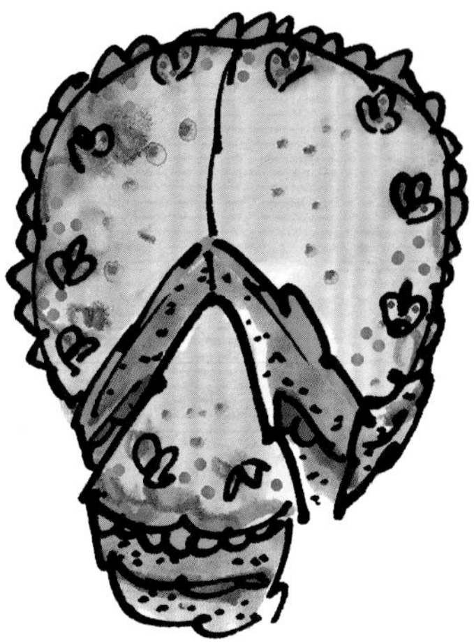

饼图是一种很常用的展示分配情况的统计图。当我们切开圆饼，每一块，或者说每一部分，就成为整数的一个分数。如果需要分给不同数量的人，饼就会被切成不同大小、不同份数，分数也会随之不同。

数学小贴士：等值分数

有些分数虽然看起来不同，但其实是一样的，都表达了相同的数量。这些分数叫作“等值分数”。

把一个苹果派平均切成两份，取一半，就会得到半个派（$\frac{1}{2}$）。

把一个黑莓派切成大小一样的四块，每一块就是整个派的四分之一（$\frac{1}{4}$）。取其中的两块，把它们拼在一起，还是会得到半个派（$\frac{2}{4}$）。

把一个樱桃派切成大小一样的六块，每一块就是整个派的六分之一（$\frac{1}{6}$）。取其中的三块，把它们拼在一起，也会得到半个派（$\frac{3}{6}$）。

弗洛伦斯·南丁格尔

弗洛伦斯·南丁格尔是一位著名的护士，在1854年英军、法军与俄军对垒的克里米亚战争中救死扶伤。据说饼图就是她发明的。

1
在战争中受伤的士兵们接受治疗的医疗条件之恶劣，让弗洛伦斯感到吃惊。

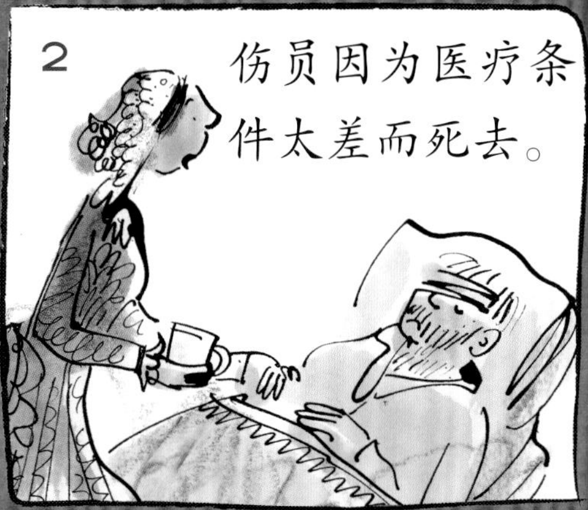

2
伤员因为医疗条件太差而死去。

3
她决定给英国的重要人士写信求助。

弗洛伦斯在数学上很有天分，她自创了饼图来直观地展示战场上军人受伤的严重程度和所需治疗类型。

这个饼图分为12份，分别显示每个月士兵的死亡数量。每一份又分成不同的区域，红色表示战争中死亡的人数，绿色表示因伤病死亡的人数。

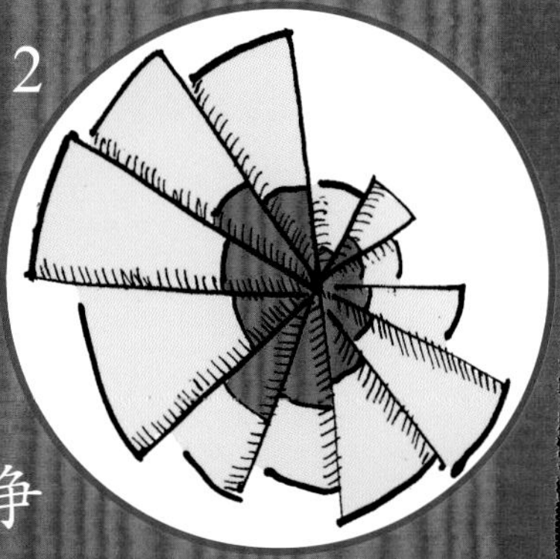

4
因为弗洛伦斯强有力的论据，伤员们被转移到了医疗条件更好的地方，得到了更好的救助。现代军队医院就此诞生。

饼图直观地展示了当时可怕的伤亡状况：真正的敌人不是俄军，而是霍乱、伤寒和痢疾。

许多许多碎片

想象一个超过10万片的拼图吧！马赛克就类似于这样的拼图，是一种由成千上万的小色块构成的图案设计。这些小色块可以是正方形、三角形，也可以是其他任何能紧密贴合成完整图案的形状。

破碎的镜子

在一些文化里，自古流传着一种迷信说法——如果不小心打碎了一面镜子，就会倒霉7年。

在著名的童话故事《白雪公主》里，邪恶的王后问镜子，她是不是比白雪公主更美。镜子回答“不”，她火冒三丈，打碎了镜子。

走在画上

马赛克主要铺在地面上，所以材质要足够坚硬，才能承托起在上面行走的人。大理石和石灰石是常用的马赛克材料，因为它们很容易被切割成小块，而且色彩缤纷。现代马赛克工艺还会使用石头、玻璃、黄金、白银、半宝石和陶瓷片等材料。

古罗马的精美图案

无数彩色的石头小块
组成了马赛克图案。

古罗马人会用美丽的马赛克来装饰地板、喷泉、墙壁和澡堂。古罗马的马赛克里有各种神明和美丽的场景，外围通常是一圈几何图形。

在古罗马，房间的地面装饰一般需要超过10万片的马赛克。工人们在厚厚的石头基底上抹上2～3三层的灰泥（一种黏合剂），画出图案的大致轮廓，然后把马赛克一片一片地贴到轮廓里。

在以色列发现的古罗马
精美马赛克图案。

人们在古罗马的庞贝古城找到了一些精美的马赛克图案。公元79年，附近的维苏威火山突然喷发，这座古城被埋葬在了火山灰之下。

整体和部分

许多东西都是由很多更小的部分组成，而许多工具都需要多个部分组合在一起才能发挥作用。打个比方，工人要把一件东西钉在墙上，他需要一个电钻、一个大小合适的电钻头、一个螺钉楔子、一枚螺钉和一把螺丝刀。

但有的时候，一些东西混合起来就变得不同了。建筑工人最简单的工作是配制混凝土，他的配方是：$\frac{1}{6}$水泥、$\frac{1}{3}$沙土、$\frac{1}{2}$碎石。

他发现用比例会比较容易记住：1份水泥、2份沙土、3份碎石。他可以把这个比例写成1:2:3。

比例

比例很有用，人们可以用它来简单地描述配方或者食谱。如果要用浓缩橙汁兑一杯饮料，你需要这样的比例：1份浓缩橙汁、4份水，或者写成1:4。

小数

分数的另一种形式叫作"小数"，用十进制来进行计算。小数的写法是在数字0后面加一个点，然后再写数字。0.1等于$\frac{1}{10}$，0.5的意思是5个0.1，也就是5个$\frac{1}{10}$，或者$\frac{5}{10}$。小数部分包括十分位、百分位、千分位等，$\frac{27}{1000}$就等于0.027。

世界上大多数的货币都使用十进制。元、美元和英镑可以被分成100个更小的单位——分、美分和便士。通常，我们先写货币标志，再写整数，最后写小数点和小数部分。比如，人民币10元7角5分写作"¥10.75"。

数学小贴士：小数

分数		小数
$\frac{1}{2}$	等于	0.5
$\frac{1}{4}$		0.25
$\frac{3}{4}$		0.75
$\frac{1}{5}$		0.2
$\frac{1}{10}$		0.1

百分数

如果要用数字表示一百份中的若干份，有一种特殊的表达方式叫“百分数”。百分数的符号是%，所以百分之五十的意思是100份中的50份，写作“50%”。

考卷的打分通常采用百分制。老师们给考卷中的每一题判分，所有题目的分值加起来一共是100分。全部答对的学生就能得到100%的分数，而错了一半的只能得到50%的分数。

苹果或者橙子的85%都是水。

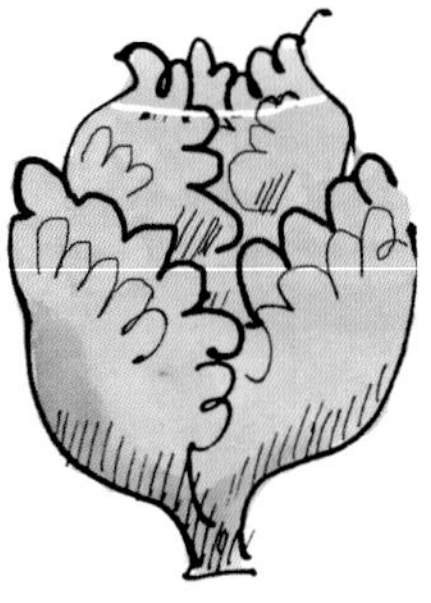

卷心菜里含有95%的水。

10%先生

许多自由职业者都有一个帮他们介绍工作的经纪人，这个经纪人通常会从成交金额中拿走一定比例的佣金。

1
我给你上台演出的机会，你得给我演出所得费用的10%。
10%
2
我可以当你的电影经纪人，佣金是10%。
给我10%的佣金，我可以给你介绍出演电视剧的机会。

很快这位演员就有了很多工作机会。而现在，他需要更多的帮助。

3
新片上映！
电视热播
巨星！
不要错过！

我会给你写自传，费用是10%的佣金。
给我10%的佣金，我来帮你运营粉丝俱乐部。
4
20
×× 自传

5

虽然演员只能拿到所有收入的90%，但他的经纪人们给他介绍更多的工作，让他的总收入变得更高了。

里奥内尔·梅西是世界上收入最高的足球运动员。

千分之一

我们把1小时分为60分钟，把1分钟又分为60秒。但如果我们要给非常快的东西计时，还需要把时间再细分到1秒的千分之一，也就是0.001秒。

人们会用1秒的千分之一（0.001秒）来为短跑冲刺的运动员计时。

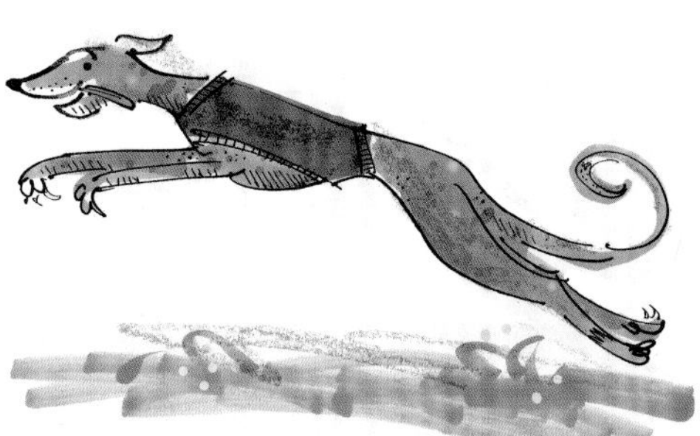

在所有重要的运动比赛中，甚至在动物赛跑当中，都使用电子计时。参赛者跑得太快，人眼根本看不清细节，而高速照相机可以在极短的时间内拍下照片。

百万分之一

人和大多数生物一样，都由数十亿的细胞组成。它们各司其职，合力确保身体正常运转。

人体内的部件，有些是大而且重要的器官，比如心脏，还有些是极小的矿物质和金属，甚至还含有一点点的金子！

不仅如此，人体的每一个部分都是由细胞组成的：血液细胞、神经细胞、眼球细胞和其他各种细胞。人体里的细胞数量多达数十亿，但它们的直径只有1毫米的 $\frac{1}{200}$ ～ $\frac{1}{5}$！

此外，每一个细胞都由大量的原子组成，它们更加微小，小到人眼都没法看见它们。世界上所有的东西都是由原子构成的，包括我们人类！

一小杯水里所含的原子数量比全世界所有沙滩的沙子加起来还要多！

冰山之下

地球的最北端是北极，由一片浩瀚冰封的海洋——北冰洋和周围的岛屿、陆地组成。

在夏季，北极大陆上一些大块的冰会裂开，变成冰山漂走。它们可能有大山那么高，但在海上只能看到冰山最顶上10%的部分，而水面下的冰是水面上的9倍。

冰山的90%左右都藏在水面下。

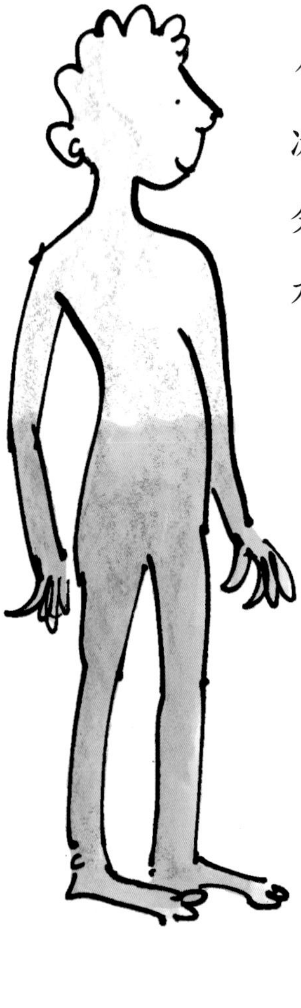

人的身体里也藏着大量的水！对于健康成年人，其体内水分占体重的60%～70%。

深藏其下

水在哪里

地球上70%左右的淡水储存在雪盖和冰川之中，剩下的都在湖泊、沼泽和河流，还有浅层地下水里。可供人类饮用的淡水微乎其微——不足1%！

从太空中俯视地球，就能看到地球的表面大部分都被海洋覆盖。

金子在哪里

人们挖掘金矿的时候，会从地里挖出大量的土，再从中筛选出金子。如果土和石头中的百万分之七或者百万分之八是纯金，这个金矿就可以被称为“优秀的金矿”了——这两个数字也可以写作“0.0007%”或“0.0008%”。

废弃的矿坑深入地心。人们会把整层的土和岩石挖走，从而获得金子。

分裂解体

在风和水的共同侵蚀下，地球的部分土壤会以非常慢的速度分裂解体。风吹倒了那些能够把土壤牢牢抓住的树木，然后把裸露的土层吹走。在沙漠里，风侵蚀山体，吹起沙尘，还会造成猛烈的沙尘暴。而雨水会将土壤带走，经过河流汇入大海。

雨水落到山上，渗入岩石细小的裂缝之中。

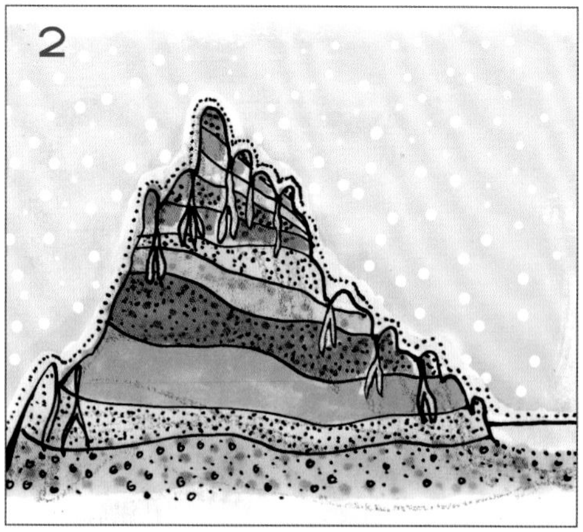

一旦天气变冷，这些水就会在夜晚结冰。

水变成冰后体积变大，便会把石头撑裂，碎块就会从石头上剥离、脱落。

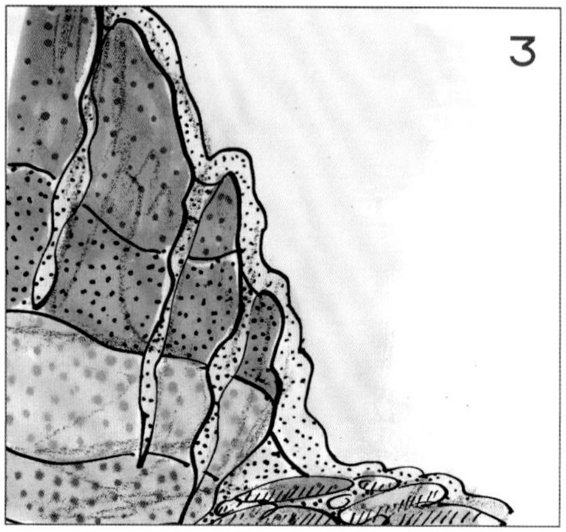

在美国亚利桑那州的沙漠里，风吹走砂岩上的沙砾，并把它们“雕刻”成千奇百怪的形状。

海水的侵蚀

海水沿着每一片沙滩侵蚀着海岸线。也许是狂涛怒吼，崩碎山崖，坠落大海；也许是细浪拍岸，推着石头和沙粒互相摩擦，让石头越来越小，越来越光滑。

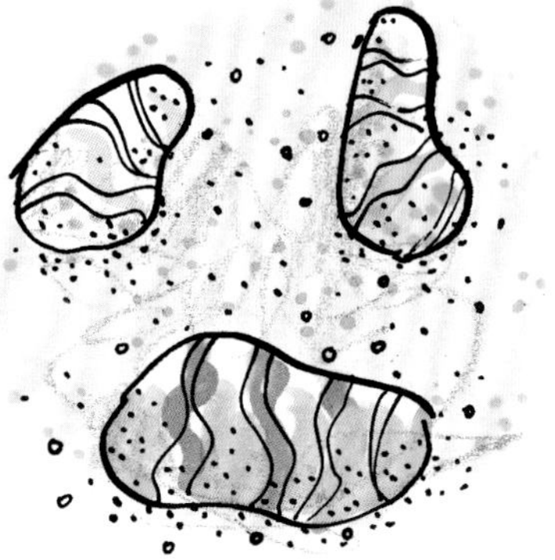

慢慢地，但肯定地……

千万年间，风霜雨雪渗透着大地，改变着土地和海岸线的样貌。这种改变往往小到无法察觉，每次只是一点点，又一点点，但逐渐累加。经年累月之后，无数细小的变化加起来彻底改变了地貌。

泛古大陆

科学家们认为在约2亿年前，地球上的大陆彼此连成一片，形成一块巨大的陆地，这就是后来我们所说的“泛古大陆”。在漫长的岁月里，这块巨大的陆地开始分裂，先分成2块，后来分成7块更小的陆地。

大陆漂移

科学家们认为的，约2亿年前，所有的大陆都是紧紧连在一起的。

后来，泛古大陆开始分裂，每块陆地逐渐朝着它们今天所在的位置漂移——而且直到现在仍在移动！

约1亿3千万年前，南美的高山是与南非的高山连成一体的。科学家们是根据这两块大陆的岩石和化石十分相似从而推断出来的。

这两种生物分别用西班牙语（图左）和祖鲁语（图右）说“你好！”。

它们每年都在慢慢地移动，彼此距离越来越远，但每年大概只能移动不到2厘米。

北美洲和欧亚大陆互相越漂越远，而大洋洲也在向亚洲靠近。

人口——100

地球上生活着近79亿人。这个数字太大了，大到简直无法想象。不过数学家们想到了一个办法，那就是假设只有100人生活在地球上，他们可以这样划分（数字均为估计）：

12个是欧洲人

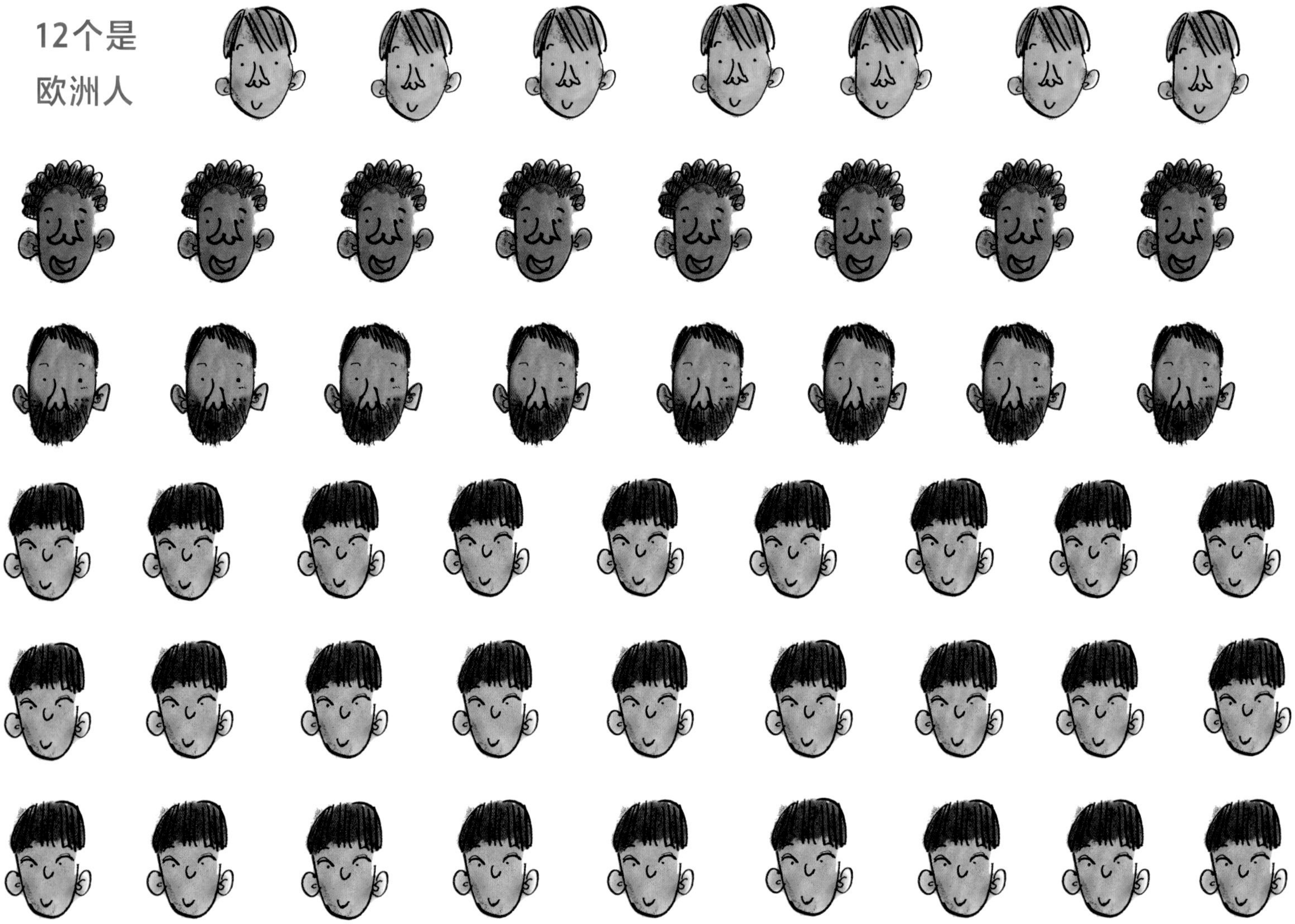

这些说着不同语言的人还可以根据性别和年龄来划分。

8个人说印度斯坦语，
8个人说英语，
17个人说汉语及中国方言，
7个人说西班牙语，
4个人说阿拉伯语，
4个人说俄语，
还有52个人说其他语言。

51个女人，
49个男人。

20个儿童，
80个成人。

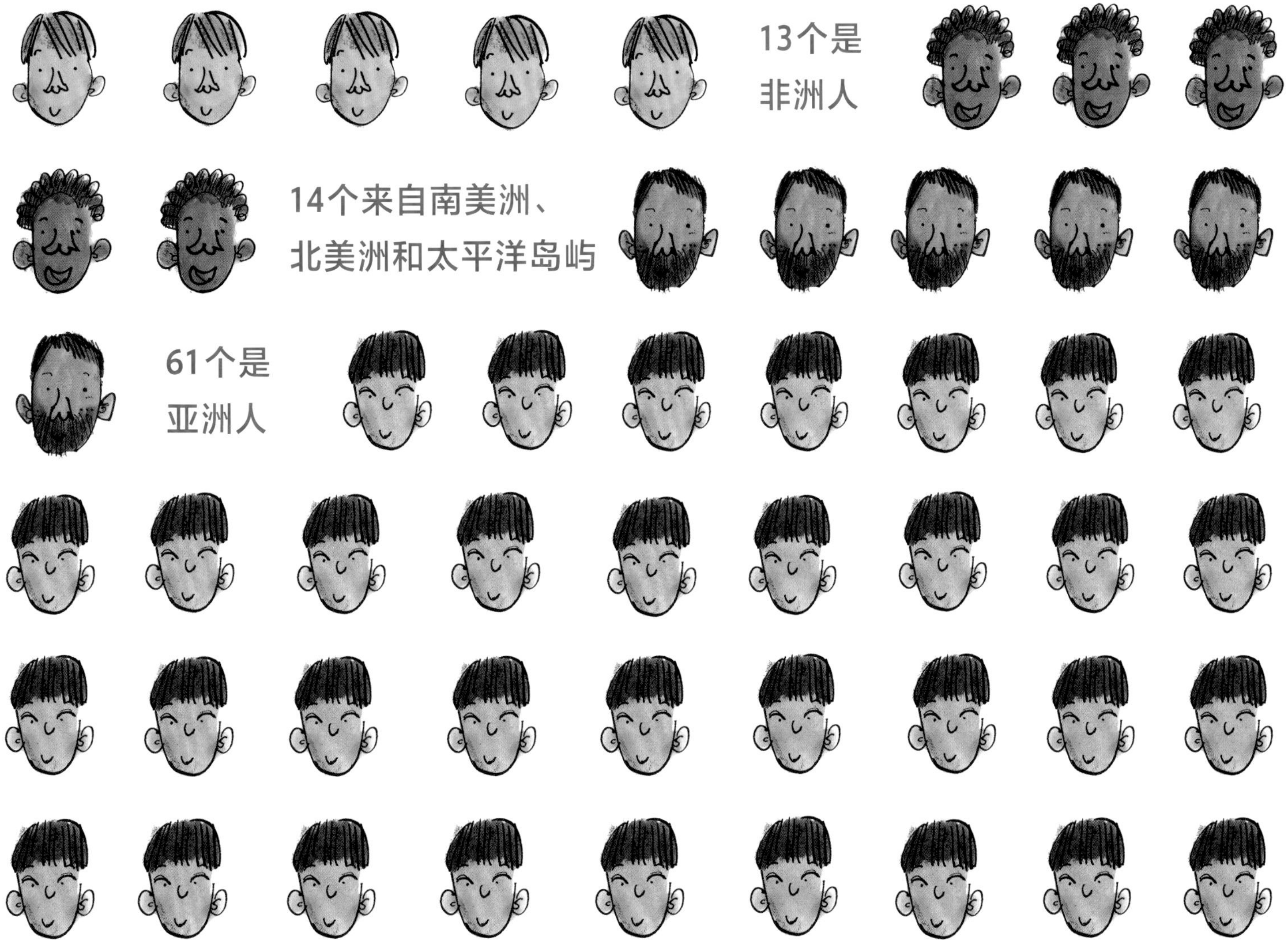
13个是非洲人
14个来自南美洲、北美洲和太平洋岛屿
61个是亚洲人

小测试

1.分数线底下的部分叫什么?

2.所罗门王用什么办法辨别出了孩子真正的母亲?

3.哪种橄榄球比赛分成4小节?

4.哪位著名的护士发明了饼图?

5.哪个被埋葬的古罗马城市铺满了马赛克?

6.要混合出混凝土,除了水泥和碎石,还需要什么?

7.写作零点几的这种数字叫什么？

8.冰山在水下的部分大约占多少？

9.科学家们认为很久以前那块巨大的泛古大陆发生了什么？

10.在这个世界上，每100人当中大约有多少人是儿童？

答案：1.分母　2.让自称孩子母亲的两人争抢孩子。　3.美式和澳式　4.弗洛伦斯·南丁格尔　5.庞贝古城　6.沙土　7.小数　8.90%　9.分裂成了更小块的陆地　10. 20人

索引

数学知识点

拓展知识点

·生活中的数学真有趣，有趣就会有兴趣·

形状真神奇

[英] 史蒂夫·威　菲利希亚·洛 / 著
[英] 马克·比奇 / 绘
美国兰登书屋 / 组编
罗　颖 / 译

浙江科学技术出版社

小读客童书

著作合同登记号 图字：11-2022-074号

图书在版编目（CIP）数据

生活中的数学真有趣，有趣就会有兴趣. 形状真神奇 / (英) 史蒂夫・威,(英) 菲利希亚・洛著；(英) 马克・比奇绘；美国兰登书屋组编；罗颖译. -- 杭州：浙江科学技术出版社, 2022.9
书名原文: Simply Maths
ISBN 978-7-5739-0227-6

Ⅰ. ①生… Ⅱ. ①史… ②菲… ③马… ④美… ⑤罗… Ⅲ. ①数学－儿童读物 Ⅳ. ①O1-49

中国版本图书馆CIP数据核字(2022)第148320号

书　名	生活中的数学真有趣，有趣就会有兴趣. 形状真神奇		
著　者	［英］史蒂夫・威　菲利希亚・洛		
绘　者	［英］马克・比奇		
组　编	美国兰登书屋		
译　者	罗　颖		
出　版	浙江科学技术出版社	网　址	www.zkpress.com
地　址	杭州市体育场路347号	联系电话	0571-85176593
邮政编码	310006	印　刷	河北鹏润印刷有限公司
发　行	读客文化股份有限公司		
开　本	1092mm × 1000mm 1/16	印　张	20（全 10 册）
字　数	400 000（全10册）		
版　次	2022年9月第1版	印　次	2022年9月第1次印刷
书　号	ISBN 978-7-5739-0227-6	定　价	269.90元（全10册）

特邀编辑 唐海培
责任编辑 卢晓梅　责任校对 张　宁　责任美编 金　晖　责任印务 叶文炀
封面装帧 贾旻雯　内文装帧 陈宇婕　黄巧玲

我们的生活中，处处充满有趣的数学！

每一片雪花都是完美的六边形；

手指上弯弯曲曲的线条，使我们独一无二；

因为是圆形，摩天轮才能带我们回到起点……

现在，一起进入有趣的数学世界吧！

我们的形状

世间万物都有特定的形状，有些形状是扁平的，如地毯上的图案；有些形状是立体的，就像我们！许多物体的形状是固定不变的，如浴室墙上的方形瓷砖。但有些物体可以弯曲或拉伸成其他不同的形状，如橡皮筋，还有我们的身体。

形状的名称

我们在日常生活中能看到许多“简单的形状”，它们经常出现，有着特定的名称，如“正方形”或者“正方体”。其他形状就会复杂一些，如一些常见于贝壳、鲜花等物品中的叫“螺旋”或者“椭圆”的形状。

我们可以通过弯腰、拉伸和蜷曲改变身体的形状。

自然界的形状

我们生活的大自然充满了各种形状，有些非常美丽。

数千年海水或风力的作用将鹅卵石打磨光滑，使它们形状各异。

许多水果里各部分的形状都很有规律。

这个毒蘑菇的伞盖从侧面看是个半圆形。

这块鹦鹉螺化石呈螺旋形。

许多形状是从中间点往外发散的，
比如这只海星的触手。

花瓣形成一个完整的圆圈
来捕捉阳光和吸引昆虫。

有四条边的形状

很多平面形状都有四条边，虽然看起来不一样，但我们用一个通用的名字来描述它们——四边形。它得名于拉丁语“quad”，意思就是“四”。

四边形

我们之所以觉得正方形很规则，是因为它很多部分都是对称的。棋盘上的正方形有着这些特点：

· 四条边都一样长；
· 四个角都是直角；
· 两组对边都平行。

长方形有着这些特点：

· 两组对边的长度分别相等；
· 四个角都是直角；
· 两组对边都平行。

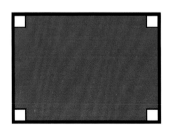

菱形

四条边长度相等；

没有直角；

两组对边都平行。

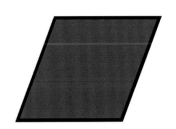

平行四边形

两组对边长度相等；

没有直角；

两组对边都平行。

梯形

有时会有一对直角；

有时一组对边长度相等；

只有一组对边永远平行。

这个风筝有着两对一样长的边，一对一样大小的角，但没有两条边是平行的。

三条边

三角形有三条边，是生活中常见的图形之一。

等边三角形

三条边长度相等；

每个角都是60度。

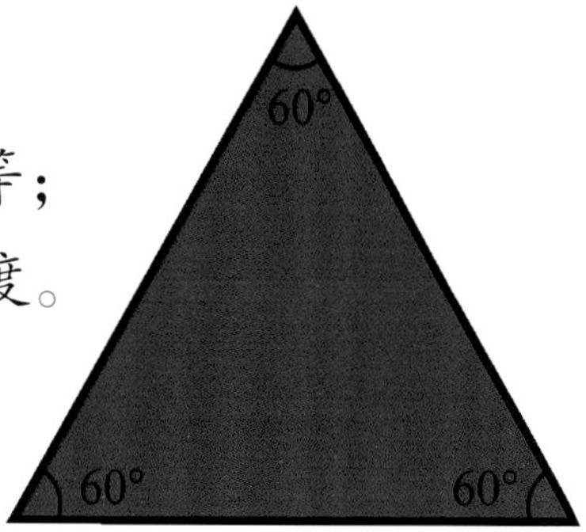

等腰三角形

两条侧边长度相等，也就是等腰的意思；

另一条边长度不同；

两条侧边对应的两个角大小相等，

另一个角大小不同。

金字塔的直角

埃及人在建造金字塔的时候会用到三角形。在建造之前，他们需要一个精准的直角三角形来测量。

他们发明了一种方法，按一定间隔给绳子打13个结，围成直角三角形。

数学小贴士：直角三角形

直角三角形有一个直角（90度的角），有一条被称为“斜边”的长边。我们通常在直角上画一个小直角来表示它。

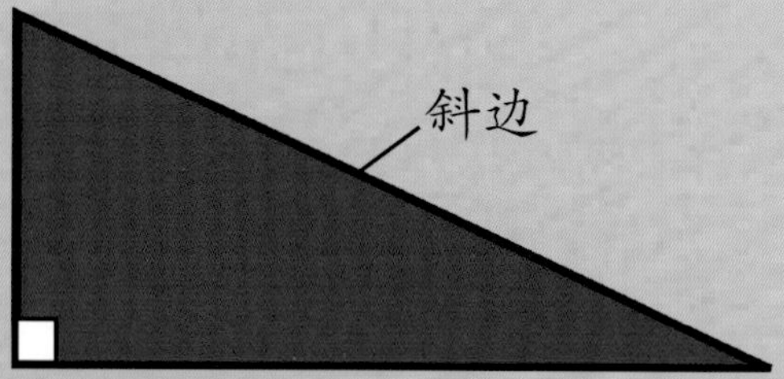

在第4个和第8个绳结处分别打上木桩，将绳子围成一个三角形。

第13个和第1个绳结重合了，用木桩钉在一起，形成一个完美的直角三角形。

圆形

从起点出发，沿着一条线段一直走就会到终点，但是一条曲线能让你回到起点。这就是游乐场上有很多弯道的原因。

数学小贴士：认识圆形

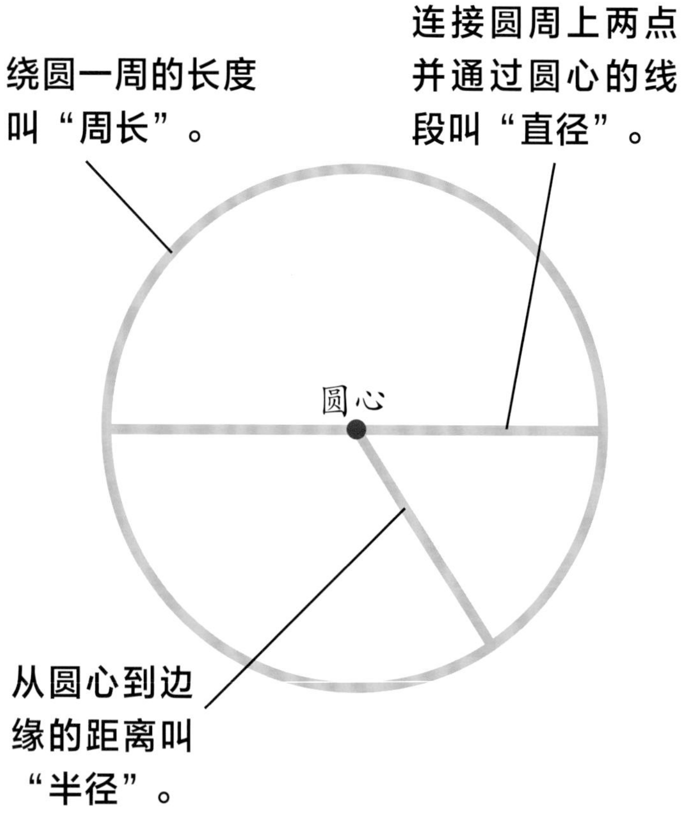

绕圆一周的长度叫“周长”。
连接圆周上两点并通过圆心的线段叫“直径”。
圆心
从圆心到边缘的距离叫“半径”。

“伦敦眼”是一个巨大的摩天轮，将人们送到这座城市的上空。

坐着大轮子

如果你很勇敢，就可以去坐坐那个能把你带到游乐场高空的摩天轮。所有的椅子都通过一根结实的杆子连接到圆圈的中心上。这告诉我们：圆上的每一个点和圆心之间的距离都是相等的。

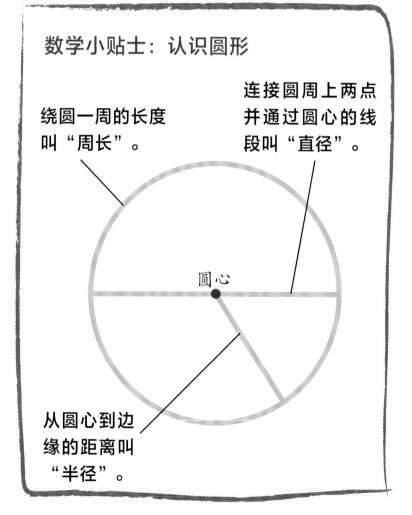

圆周率

圆周率是关于圆的一个特殊词语表示圆的周长与直径的比值，通常写作希腊字母“π”。埃及人发现，了解圆周率非常有用。他们把自己的土地分割成若干个圆，按面积交税。所以埃及人总是因他们到底拥有多少土地而争论不休。

麦田怪圈

这几十年来，人们注意到经常有奇怪的图案出现在农田里，最常见的就是圆形，人们把它们称为“麦田怪圈”。其中许多显然是人为制造的，但也有一些的形成原因即便是科学家也很难解释——这就是为什么有些人认为它们是由外星人制造的！

英国威尔特郡的一块田地里出现的神秘麦田怪圈。

曲线

圆是非常重要的曲线，但仅凭手画很难精准地画出来。我们会使用一种特殊的工具——圆规，这个词在英文里也有罗盘的意思，可能是因为它帮助了水手们确定航行的方向，也是一种非常实用的工具。

圆规确保曲线的半径始终不变，于是就形成了一个完美的圆。

相同高度的土地区域在等高线图上形成闭合的曲线。

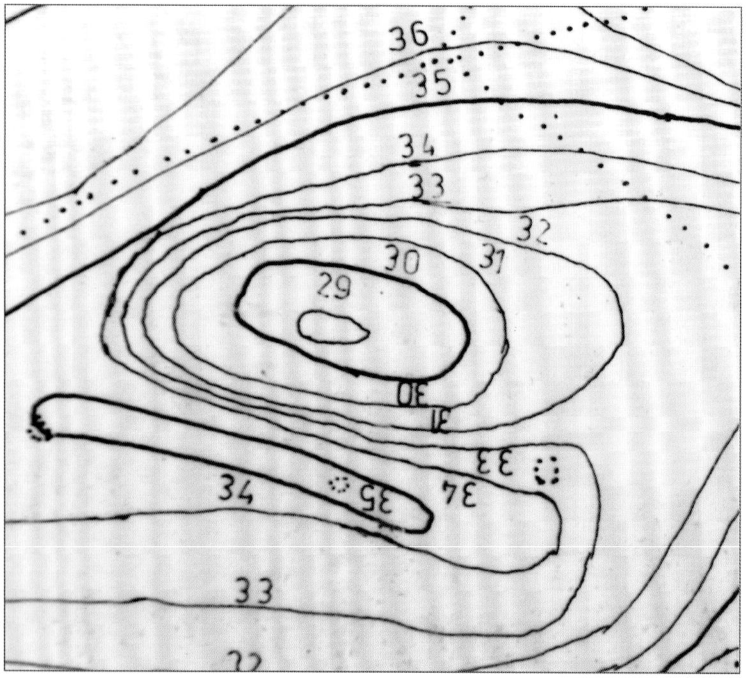

等高线

人们在等高线图这种特殊的地图上绘制了许多线条来表示海拔不同的陆地。如果等高线很密集，就意味着这块地非常陡峭——我们说它斜率很大；如果等高线很稀疏，就意味着这块地相当平缓，斜率很小。

独特的指纹

仔细观察你的手指末端的指腹，你会发现许多细小的线条或纹路。如果用手指在印泥上摁一下，再摁在白纸上，就会显示出你的指纹。世界上没有两个人的指纹完全一样。获取指纹样本并与记录匹配，很长时间以来都作为一种常用的识别罪犯的方法。如今，计算机可以更快地完成这项工作。

指纹的图案

按纹路形成的图案来分，指纹可分为三大类。

在“螺纹”类里，纹路组成圆形的图案。

在“环形”类里，纹路会在上部弯曲。

在“拱形”类里，纹路在靠近指尖的地方会倾斜向上。

圆周运动

你能想到的所有机器几乎都会用到轮子，有些在内部，有些在外部。有些机器是靠轮子移动的，如汽车和火车；而有些机器的轮子可以带动别的轮子，如缝纫机。

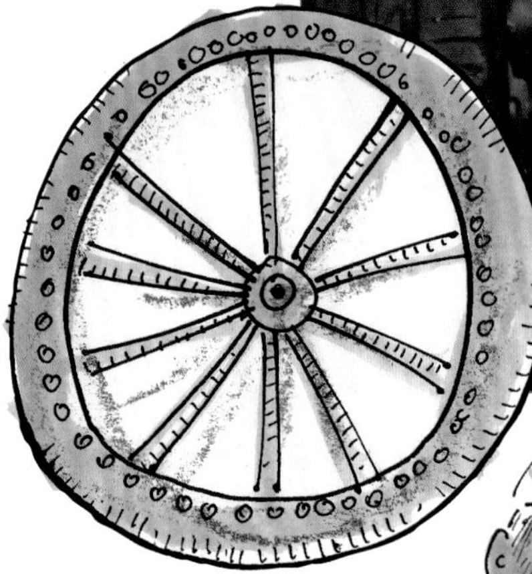

转动的工具

许多工具使用了轮子和轴的概念，但工具本身根本没有轮子！如螺丝刀的手柄可以带动轴。

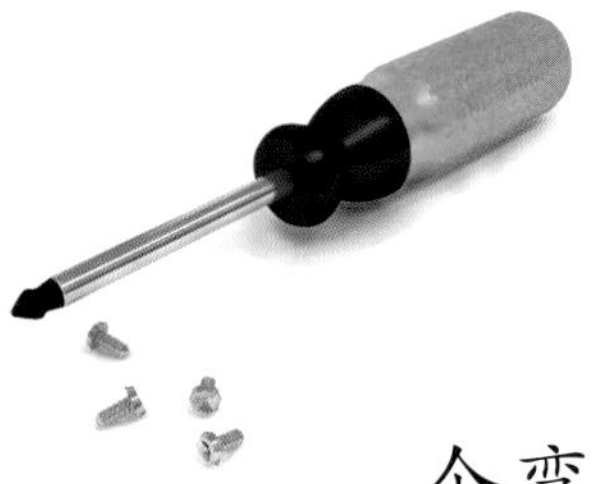

螺丝刀

扳手转一大圈可以拧紧螺母内的螺栓。

木匠的弓摇钻有一个弯曲的手柄，它每转一大圈就会让钻头以更大的力转一小圈。

扳手

弓摇钻

车轮绕着一根叫“轴”的长杆转动。

旋转的轮子

如果一个圆以圆心为轴心，再以某种方式动起来，圆就会旋转。从中心点往外旋转的烟花，看起来像车轮一样。它旋转的速度非常快，能让人看到许多彩色光环。

扩散的圆形

当一块鹅卵石被扔进池塘时，涟漪从它入水的地方开始向外扩散。涟漪越来越大，形成越来越大的圆圈。这些圆圈被称为“同心圆”。

池塘里扩散开的同心圆。

三维

一队足球小将准备比赛踢球。

不扁平的、多个面围成的图形叫作“三维图形”或“3D图形”，也被称为“立体图形”。许多运动中使用的球都属于立体图形中的球体，球体表面上的每个点与球心的距离相同。其他常见的立体图形有立方体和锥体等。

泡泡

泡泡通常是球体。要制造泡泡，只需要肥皂和水。肥皂能使水分子分开，但又能防止它们伸展太远。每一个粒子都会拉着旁边的粒子，形成一个表面积尽可能小的形状。这恰好是一个球体！

尽管一位泡泡专家曾经让泡泡保持了340天，但大多数泡泡很快就会破裂！

全息图

普通图片是二维的，只显示物体的长和宽。但有些图片中的物体看起来像是真的，甚至还会动。它们从三个维度展示物体——长、宽、高。这就是全息图，是三维的图片。

全息图可能看起来和真的一样，但如果你试着伸手触碰它，那么你的手就会直接穿过去！

建造金字塔

埃及的胡夫金字塔大约由230万块石头建成，每块重量约2.5吨，相当于2辆小车的重量！

这座金字塔建于4500多年前，是古埃及法老胡夫的陵墓。为了防范盗墓，法老的遗体被放在金字塔中间的一个密室里。宝藏也被藏在密室里，供国王使用。

胡夫金字塔的建造大约耗时20年，仅用到了铜凿、锯、石锤、木楔和杠杆等工具。

1.没有机器的帮助，古埃及人靠的是成千上万工人的体力。

2.他们在附近的采石场切割下大块石头……

3.然后用滚筒和橇棍把它们拉过沙地。

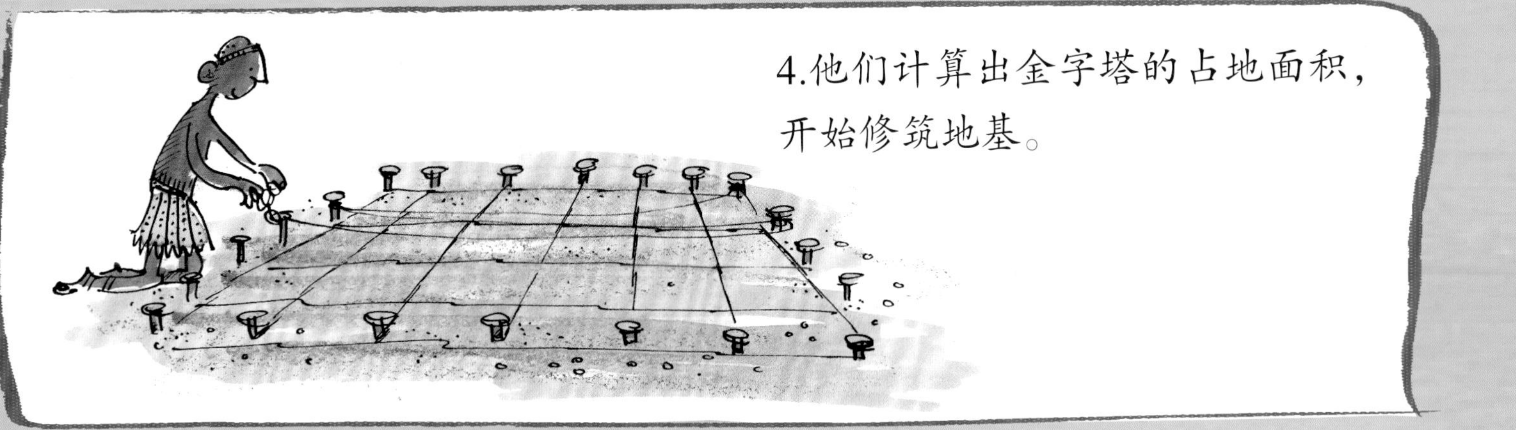
4.他们计算出金字塔的占地面积，开始修筑地基。

5.随着金字塔越来越高，他们在两侧堆起巨大的沙坡，然后把石头拉上这些沙坡。

6.再用杠杆把石头移到要放的位置。

7.最后，他们用耀眼的白色石灰石覆盖表面，让它在阳光下闪闪发光，金字塔就大功告成了！

胡夫金字塔今天的样子。

多边形

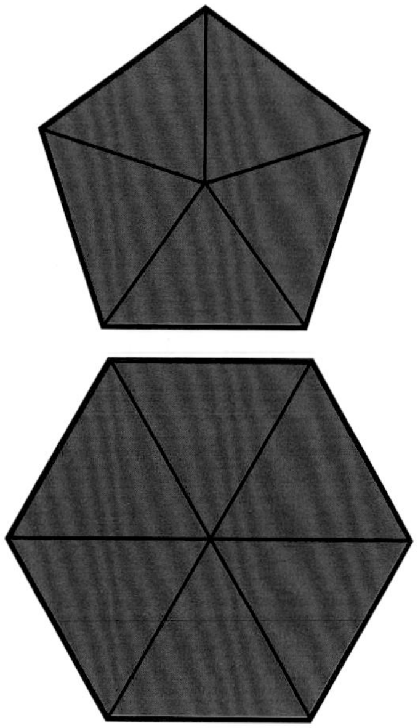

我们在自然界和人类设计的物体中常常看到五边形和六边形。因为它们都是由三角形组成的，三角形具有稳定性，它们结合在一起能形成更加稳固的形状。五边形由5个三角形组成，六边形由6个三角形组成。

五角大楼

五角大楼是位于美国华盛顿特区的一座巨大的政府大楼。它建造得就像一个完美的五边形，其实是由一个套一个的五边形组成的。事实上，它是世界上最大的办公楼，连接各部分的走廊就将近30千米。

从空中看五角大楼，就是一个完美的五边形。

自然界中的六边形

自然界中的许多形状都是由6个等边三角形组成的，也就是正六边形。雪花是完美的六边形，但只有通过显微镜才能看到。尽管都是六边形，但每片雪花都不同。

显微镜下的雪花。

蜜蜂把蜂巢做成六边形。这些储藏室完美地结合、镶嵌在一起。

苍蝇的眼睛放大许多倍的样子。

大多数昆虫的眼睛是由许多微小的六边形组成的。昆虫看到的周围的东西也可能是分成一个个六边形的。

直线

许许多多的小点连接在一起，朝着同一个方向前进，就形成了直线。许多形状都是由线条连接而成的，可能是直线，也可能是曲线。直线是任意两点之间不弯折的线。

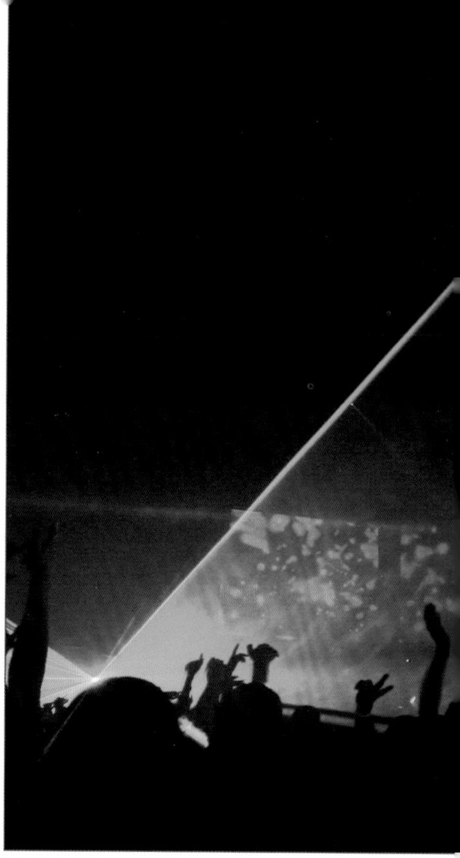

平行线

两条在同一平面内且永远不会相遇或相交的直线叫作“平行线”。电线杆上的电线必须平行才不会互相接触。

激光束

普通的白光其实是由许多不同颜色的光组成的。光中那些不同波长的粒子在空间中移动、扩散、弹跳。

但是有一种光并不会像普通白光那样扩散，它就是激光。激光可以稳定地沿直线传播很远的距离。

在一场流行音乐会上，激光束划破了夜空。

数学小贴士：角度

当两条线在一点相交时，它们就会形成一个角度。角是根据夹角的类型命名的。

90度的夹角就是“直角”。

小于直角的角就是“锐角”。锐的意思是“锋利”。

大于直角的角就是“钝角”。钝的意思是“不锋利”。

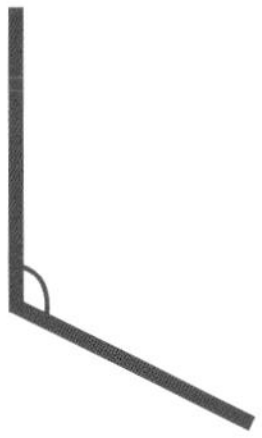

激光的所有粒子都有着一样的波长，所以聚在一起运动能形成非常强大的光束。激光束可以传播电话信号，可以用于外科手术、播放光盘、读取超市商品的条形码，还可以以惊人的样子照亮天空，甚至穿透钢板！

蜘蛛织成的蛛网线从中心以锐角向外延伸。

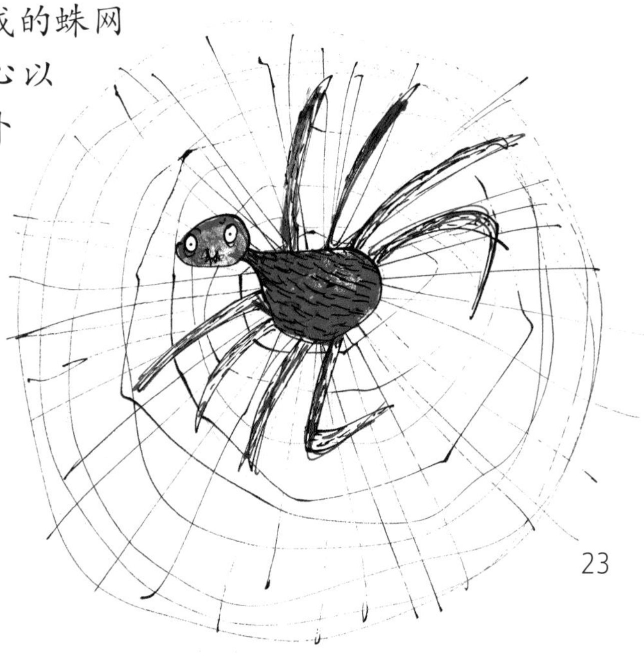

契合的形状

如果能把一些形状组合在一起，就像墙上的瓷砖或人行道砖一样，那么我们就说它们是契合的，能够紧密地贴合在一起，没有空隙。或者说，它们可以像马赛克一样拼接在一起。

马赛克是由成千上万块小的黏土或石头拼成的图形和画面。古罗马人曾大量使用马赛克。他们的庙宇和房子的地面上经常覆盖着精细的图案，墙上也装饰着人、动物和植物图案的马赛克。

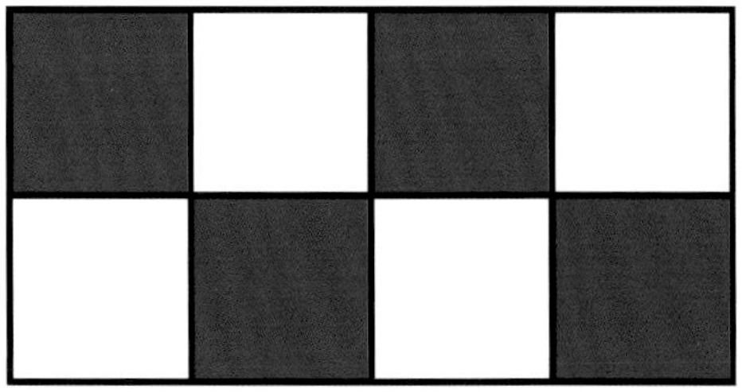

直边的形状能互相契合。

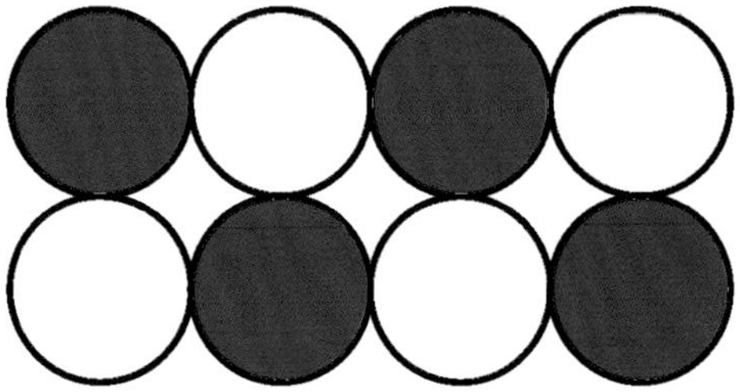

弯曲的形状不能互相契合。

七巧板

七巧板是一种古老的中国拼图，七种形状组合在一起能拼出许多不同的图形。

这只蝴蝶左右翅膀的形状
和花纹完全对称。

影子

你和朋友玩过“踩影子”的游戏吗？这个游戏需要踩住对方的影子，所以最好在阳光明媚的时候玩。当你的身体挡住了阳光，阳光无法穿过身体照射到地面时，就会形成影子。

对称

蝴蝶的形状非常对称，这有助于它的飞行。如果你在蝴蝶的中间画一条线，就会发现两边完全一样。

而你的身体肯定是不对称的。大多数人的左右两边都是不一样的。

形状的镜像

当你照镜子时，会看到自己的影像。这是因为光线从镜子反射到你的眼睛里，就像球从墙上反弹一样。影像是由物体反射的光形成的。大多数物体都以某种方式反射光线。

狗和骨头

一天，一只狗发现了一根漂亮的骨头，决定把它带回家安心地、慢慢地啃。

回家路上要经过一条小溪，它不得不走上小溪上的木板桥。

当它站在木板桥上时，低头看到了自己在水中的倒影。

颠倒

镜子能产生完美的影像，因为它们平整、有光泽，几乎能反射所有照在上面的光。

神奇的是，你在镜子里的影像是左右相反的。如果你摸你的右耳，你的影像就会摸左耳；如果你摸你的左耳，镜子里也会呈现相反的影像。

狗张嘴冲着水里那只狗狂叫。

瞬间，它叼着的那根骨头掉进水里，溅起水花，消失不见了。很明显，傻乎乎的狗被自己的倒影捉弄了！

小测试

1.用来描述有4条边形状的专用名称是什么？

2.哪种四边形只有一组平行的边？

3.每个角都是60度的三角形叫什么？

4.边长分别为3厘米、4厘米和5厘米的三角形，是什么三角形？

5.连接圆周上两点并通过圆心的线段叫什么？

6.用来画圆圈的工具叫什么？

7.美国华盛顿特区那座形状特别的建筑物叫什么名字？

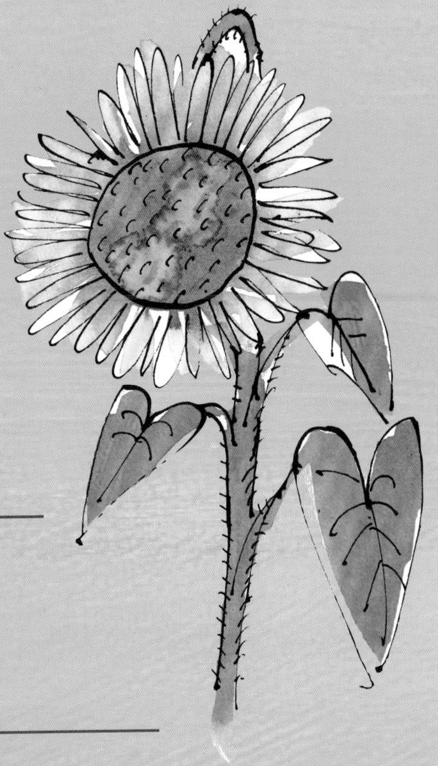

8.小于直角的角叫什么？

9.在同一平面内的两条永不相交的直线叫什么？

10.从中间画一条线，线两边的形状完全相同，这样的特征叫什么？

答案：1.四边形　2.梯形　3.等边三角形　4.直角三角形
5.直径　6.圆规　7.五角大楼　8.锐角　9.平行线
10.对称

索引

数学知识点

拓展知识点

·生活中的数学真有趣，有趣就会有兴趣·

方向真神奇

［英］史蒂夫·威　菲利希亚·洛 / 著

［英］马克·比奇 / 绘

美国兰登书屋 / 组编

罗　颖 / 译

浙江科学技术出版社

小读客童书

图书在版编目（CIP）数据

生活中的数学真有趣，有趣就会有兴趣. 方向真神奇/(英)史蒂夫·威,(英)菲利希亚·洛著；(英)马克·比奇绘；美国兰登书屋组编；罗颖译. -- 杭州：浙江科学技术出版社, 2022.9

书名原文: Simply Maths

ISBN 978-7-5739-0227-6

Ⅰ. ①生… Ⅱ. ①史… ②菲… ③马… ④美… ⑤罗… Ⅲ. ①数学－儿童读物 Ⅳ. ①O1-49

中国版本图书馆CIP数据核字(2022)第148322号

书　　名　生活中的数学真有趣，有趣就会有兴趣. 方向真神奇
著　　者　［英］史蒂夫·威　　菲利希亚·洛
绘　　者　［英］马克·比奇
组　　编　美国兰登书屋
译　　者　罗　颖

出　　版　浙江科学技术出版社
地　　址　杭州市体育场路347号
邮政编码　310006
发　　行　读客文化股份有限公司
网　　址　www.zkpress.com
联系电话　0571-85176593
印　　刷　河北鹏润印刷有限公司

开　　本　1092mm × 1000mm　1/16
印　　张　20（全10册）
字　　数　400 000（全10册）
版　　次　2022年9月第1版
印　　次　2022年9月第1次印刷
书　　号　ISBN 978-7-5739-0227-6
定　　价　269.90元（全10册）

特邀编辑　唐海培
责任编辑　卢晓梅　　责任校对　张　宁　　责任美编　金　晖　　责任印务　叶文炀
封面装帧　贾旻雯　　内文装帧　陈宇婕　　黄巧玲

我们的生活中，处处充满有趣的数学！

蜜蜂利用太阳寻找位置；

候鸟群沿着开阔地的地标迁徙；

蝙蝠通过感知空气中的声波辨别方向；

探险家们依靠太阳和星星认路……

现在，一起进入有趣的数学世界吧！

这儿，那儿，每个地方

迷路是一件很容易发生的事情。迷路时，我们不知道自己在哪里，也不知道要往哪个方向走，我们不知道自己走了多远，也不知道还有多久才能到达目的地。这简直就像被蒙上了双眼！我们唯一知道的，就是我们要去哪里。

即使我们迷路了，也会努力搞清楚从一个地方到另一个地方怎么走。但通常情况下，我们已经知道了路线，可以不假思索地沿着它走，因为这条路线已经在我们的记忆地图里，不会出错了。

此路不通

当我们遇到陌生的新道路或原路中断时，就会陷入麻烦。如果我们对路线不熟悉，那么可以求助于地图等信息或工具，来帮助我们抵达目的地。

纽约的一位警察正指挥着交通高峰期南来北往的车辆。

地址

每个人都住在一个特定的地方，这个地方被称为“地址”。地址可以帮助人们确定别人住在哪里，以便拜访他们，或者给他们写信。

大部分的地址都需要这些信息：

1.地区

2.城镇的名字

3.街道的名字和大楼的楼号

4.房间号

5.人名

现在，大部分的地址还有一个编码，这个常被称为“邮政编码”或者“邮编”。世界各国的邮政编码规则并不统一，有些编码只用数字来表示，叫“数字码”，而有些既用字母又用数字来表示，叫“字数码”。在字数码中，第一部分表示的是居住的区域，第二部分就精确地表明了居住的地方。

房号

每座房子都被分配了一个数字，数字最小的房子一般在街道尽头。在欧洲，最常见的布局是给街道一边的每一块地分配单数，从1开始渐次增加；给街道另一边的每一块地分配双数，从2开始渐次增加。

在这个德国小镇上，所有街道都分配了名字，房子都分配了号数。

邮编先生

罗伯特·穆恩是一个美国人，在邮政服务机构里负责邮政检查。20世纪40年代，随着邮件由火车运输逐渐变成航空运输，他眼看着邮件越来越多，意识到如果还用旧的方式分拣邮件就太跟不上时代了。

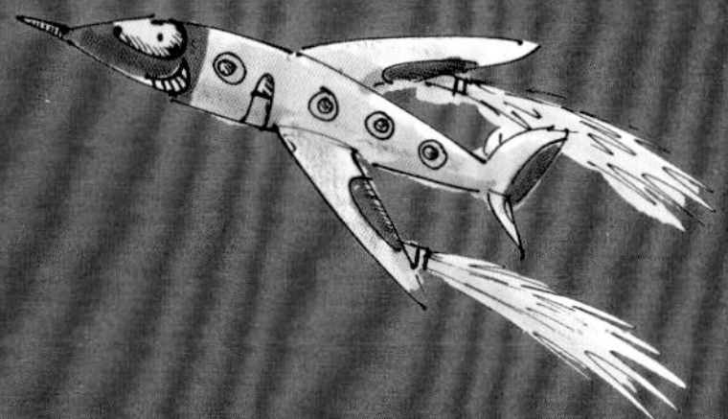

他设计出了一个可以让邮件在本地分拣的系统，把它称为“邮区改善计划”，简称“ZIP”，也就是邮编。

邮编使用3位数字将邮件直接导流到最近的分拣办公室，再加上后4位数字，就和字数码一样精确了。罗伯特·穆恩甚至建议把邮政编码用到太空中去！

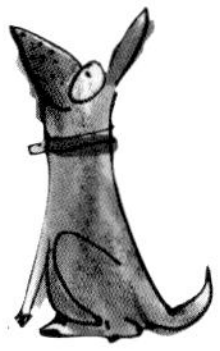

看懂地图

地图其实也是一种表格，可以显示全世界每个地方的位置。地图里承载着大量的细节信息，小到村庄，大到一个国家甚至整个世界。

绘制地图和看懂地图都很难，因为得想象自己从空中看着这一切——这对鸟儿来说很简单，对我们来说可太难了！

从球形到扁平

球形的世界地图叫“地球仪”，一般安装在一个基座上，旋转起来就像地球在自转一样。

地球是一个球体，但地图是方形和扁平的。要绘制地图，就得把地球想象成一个橙子，把它的皮一片片剥开，摊平摆好。

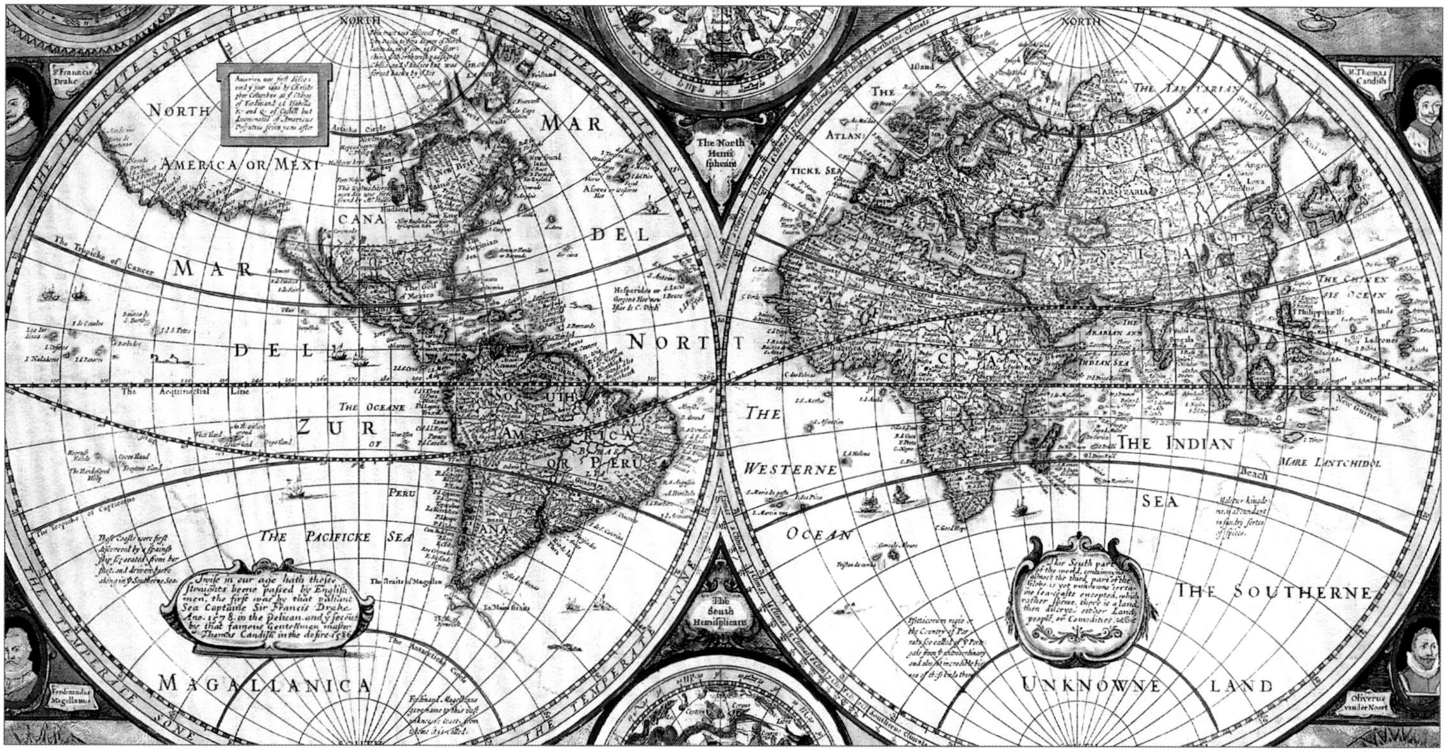

这张早期的地图显示了纬度线和经度线。

世界地图

几百年甚至上千年前，最早的地图就出现了，它们往往不太准确，直到16世纪，世界地图上才出现了贯穿东西的纬度线。没过多久，更多用来指示位置的线条出现了，赤道就是其中一条。这是一条想象出来的纬度线，绕过地球的正中，将地球分为北半球和南半球。此外，还有360条经度线连接北极和南极。

导航星

早期的探险家们在环游世界的时候，几乎没有能帮助导航的工具。探险家们只能拿着简单的地图，依靠太阳和星星来认路。

星盘

星盘是一种非常古老的天文测量仪器，可以解决很多关于时间以及太阳、星星在天空中的位置等问题。星盘可以用来展示在某一个特定的时间点上，从某个地方看天空是什么样子的。

寻找星星

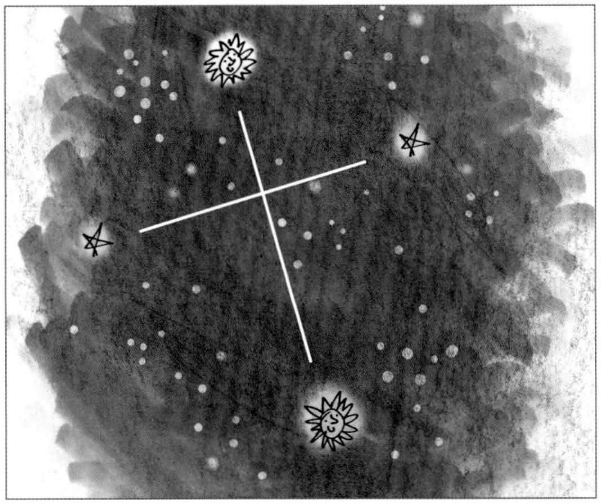

试试在南半球寻找南十字星座，你会发现它们并不在南极的上方，但比较远的两颗星的连接线总是指向南方。

试试在北半球寻找大熊星座，找到两颗指针星，它们的连接线总是指向北极星，而北极星正好就是小熊星座的尾巴。北极星总是在天空的北部，在北极的正上方。

罗盘仪

罗盘仪可以用来寻找方向，它的盒子里有一根可以绕着中心旋转的磁力针。有标记的一头总是指向北方，因为它被一个更大的磁铁——地球吸引着。

地球就是一个巨大的磁体，两头发出强有力的磁力，一头靠近北极，一头靠近南极。罗盘仪的磁力针指向北的那一头总是朝着地球的磁北极。

罗盘仪的表面显示着比东西南北更多的方向。

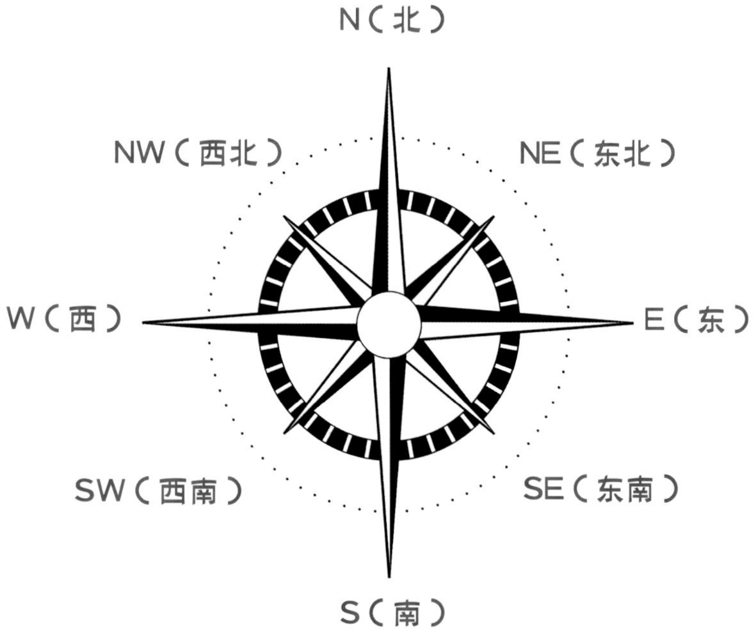

使用罗盘仪

把罗盘仪的磁力针和它表面的北方标志对准，所有的指针就指向了正确的方向。罗盘仪的4个主要方向之间的方位用字母表示，如“NE”表示东北方向。

六分仪

很早以前，海员们在没有任何参照地标的大海里航行，很难判断自己到底在哪里。现在，六分仪可以帮助他们找到自己在什么纬度上。

地平线和中午太阳的夹角会随着距离赤道的远近而变化。把六分仪上的镜子、地面和太阳对齐，上面的刻度就会显示两者之间的夹角是多少。

一位海员正在船上使用六分仪。

如何使用六分仪

水平端住六分仪，找到海平面。

找到太阳的位置，然后调整六分仪的角度，使太阳和海平面齐平。

读取太阳的角度，船员就知道自己船只所处的纬度。

从南极到北极

兰奴夫·费因斯爵士是一位英国探险家。1979年，他和他的搭档查尔斯·巴顿开始了新方向上的环球航行——从南极到北极。这个旅程全长160 000千米，耗时3年。

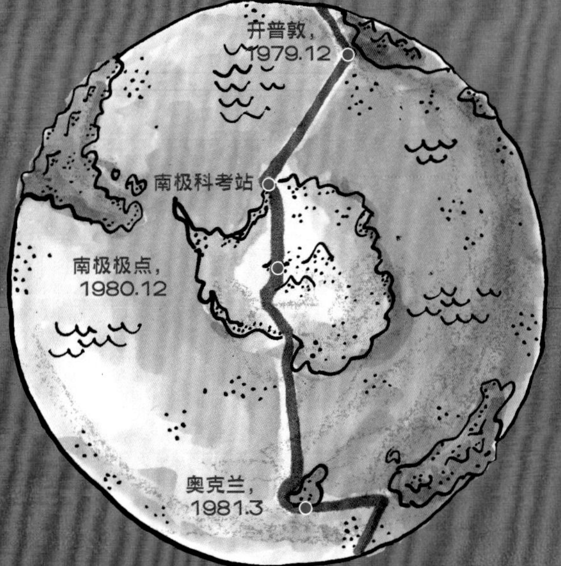

他们从英国出发，一路向南，路线尽可能靠近格林尼治子午线，也就是那条0°经线。费因斯的小狗（波塞）也加入了探险的队伍。

他们在1980年1月抵达南极洲，并在那里住了下来，度过了夏天。他们住在用薄薄的纸板搭成的小屋里，只有一层隔温层。

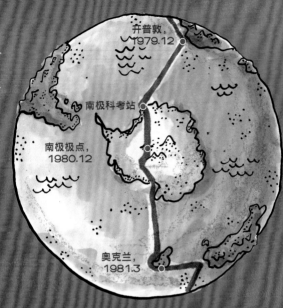

③
雪上摩托车能在圣诞节前把我们带到南极极点。

1980年12月15日，他们抵达南极极点。旅程的第二部分用时2个月，他们徒步走过冰川，也克服了种种困难。

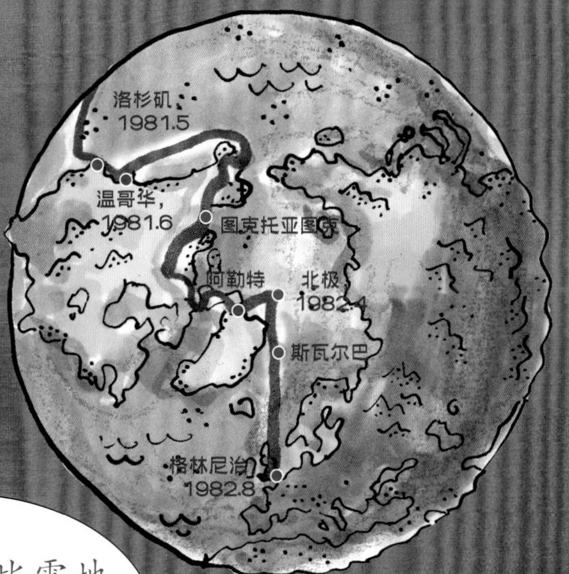

之后，他们往北旅行，经过新西兰、澳大利亚、美国和加拿大，朝着北极进发。

6
我们已经被困在这块浮冰上3个月了。
还要面对危险的北极熊。

我们到北极了。
我们从南极到北极环游世界一圈。
波塞也是。

你在哪里

当我们移动身体的时候，耳朵里的感官探测器通过重力，能感觉到我们是如何移动的，移动到了哪里。然后，我们的大脑就开始计算现在所处的地方是在什么空间位置。

运动员在双杠上倒立，有非常强大的平衡感。

我们耳朵里的感官探测器能帮助我们判断身体所处的位置。重力把一切都往下拉，而当我们移动身体的时候，耳朵里的感官探测器能根据移动的方向和重力之间的关系，判断出我们所处的位置。

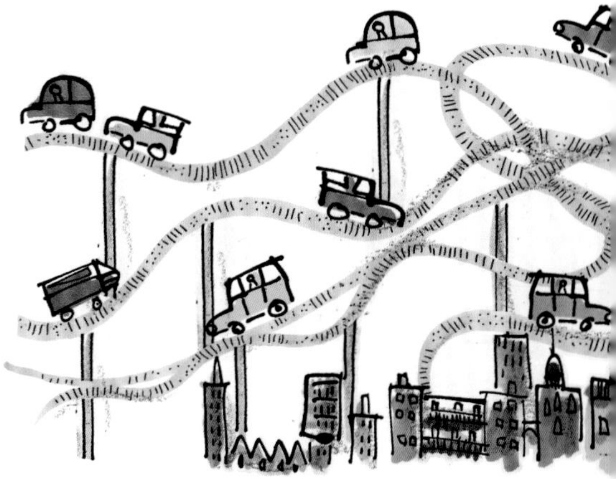

飞机的自动驾驶

现代客机都安装了自动驾驶仪，可以在飞机起飞后自动操控飞机。也就是说，在无人操控的情况下，飞机也可以自己飞行。

一旦进入空中，飞行员就可以把必要的航线、速度、高度等数据输入自动驾驶仪的程序里。自动驾驶仪有一台电脑，会持续不断地从飞机的不同部位获取信息，然后通过调整飞机的油门、尾翼和机翼阻力板来自动操控飞机。

多层立交桥

当许多道路相交于一点，司机会面临开往不同方向的选择。这些道路的相交点往往非常复杂，被称为“多层立交桥”。

汽车的自动驾驶

这些年，很多汽车都有了自动驾驶功能，能够用恒定的速度行驶，在倒车的时候还会发出自动警报声。有些可以用雷达和摄像头自动停车，有些在感知到危险的时候会自动减速或者停下来。汽车制造商说，未来的自动驾驶技术将会越来越安全、高效。

转的角度

我们顺时针或者逆时针转的时候，可以转一个大圈，也可以只转一点点。这时，我们会用圆的度数来测量和比较转的程度。

顺时针

如果向右转一整圈，就相当于绕了一个圆。我们把这个圆称为“360度”或“360°”。钟表盘上的指针也可以转360°。

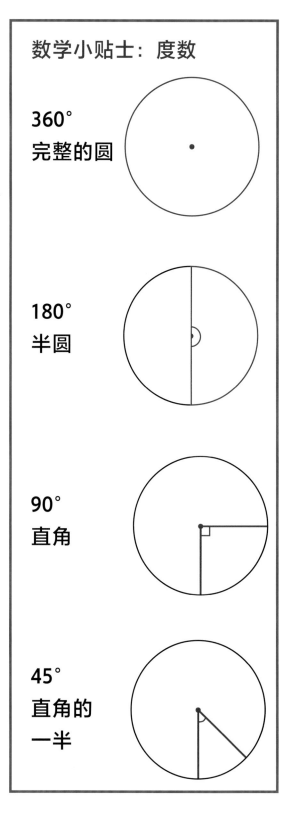

数学小贴士：度数

360°
完整的圆

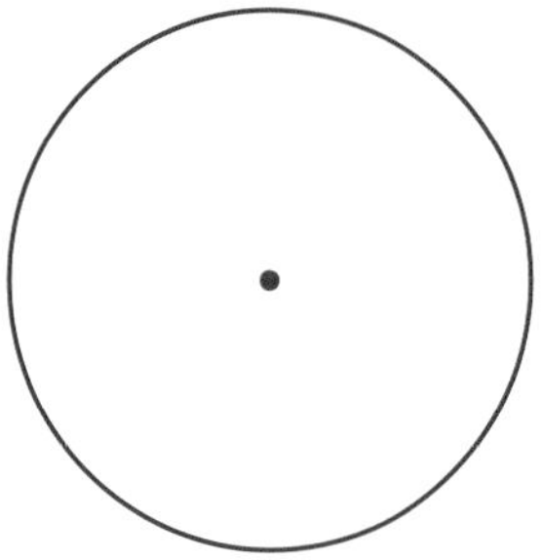

180°
半圆

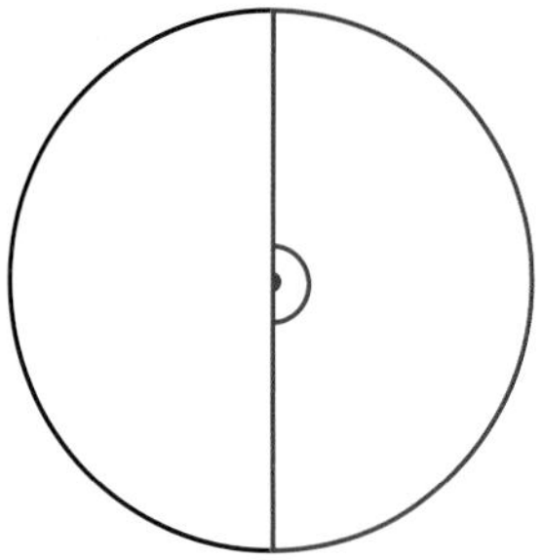

90°
直角

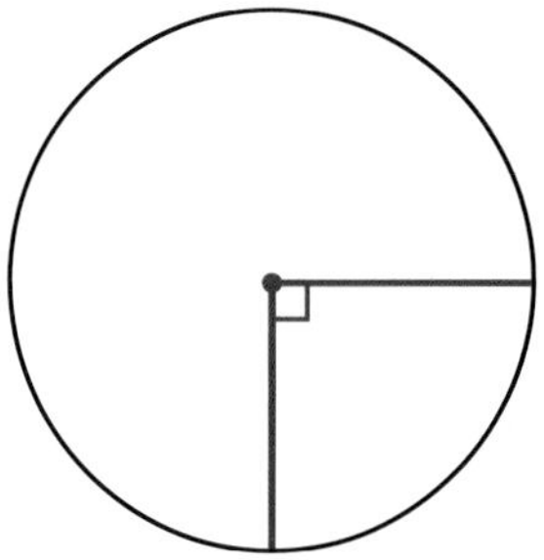

45°
直角的一半

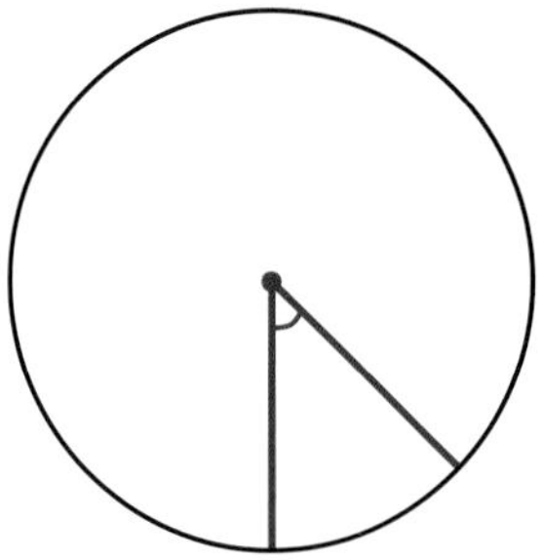

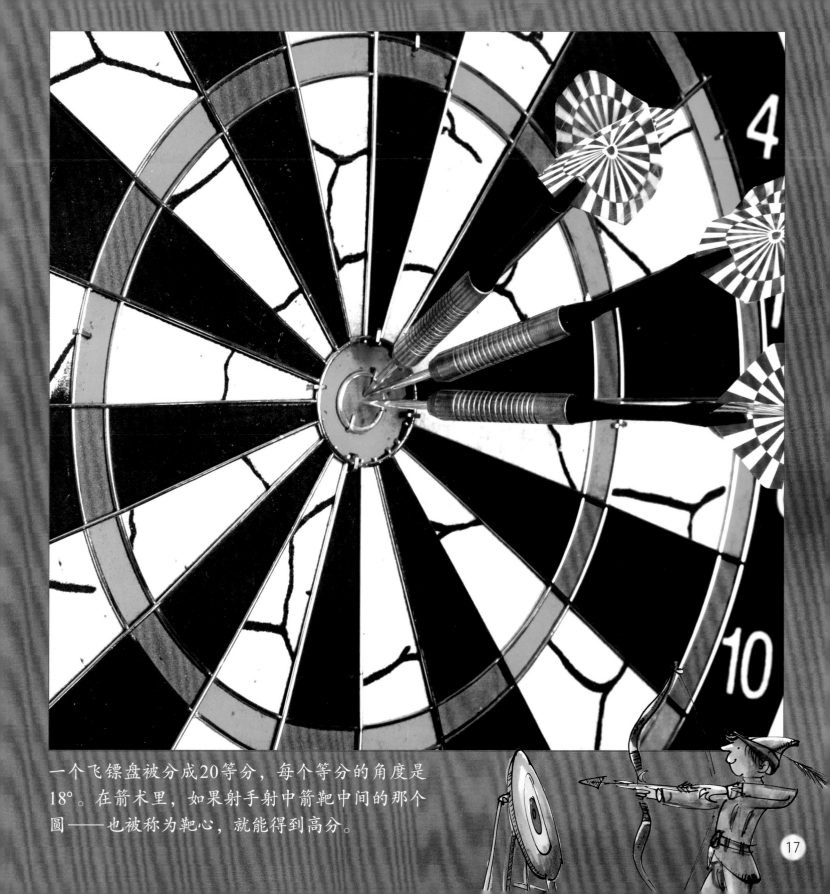

一个飞镖盘被分成20等分，每个等分的角度是18°。在箭术里，如果射手射中箭靶中间的那个圆——也被称为靶心，就能得到高分。

找到方位

除了要知道自己现在在哪里，准确地知道往哪里走也非常重要。飞行员从巴黎飞往罗马时，在高空中看不到这两个城市，所以需要知道方位。

数学小贴士：方位

方位是一个三位数，表示北方和目的地之间的夹角。

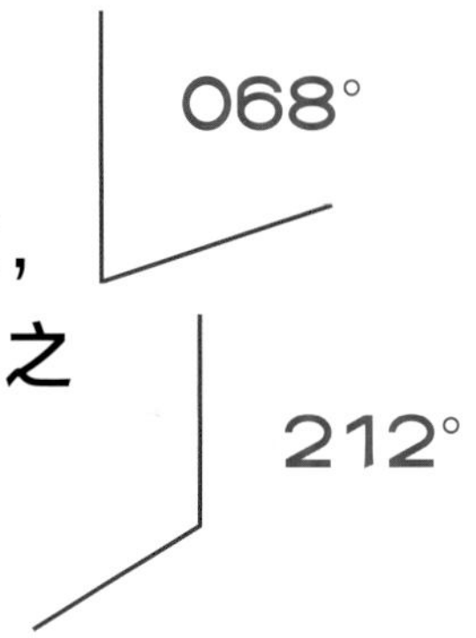

要想知道从一个地方到另一个地方的方向，就得把导航仪对准正北方向，然后顺时针旋转到目的地的方向，这两个方向之间的夹角写作一个三位数，例如068°或者212°。如果转向南方，那么就是转了180度，所以方位写作180°。

雷达扫描

雷达是用无线电探测和测距的设备。雷达屏幕是圆形的，有一束电磁波持续性地环绕扫描，辨别物体。雷达可以显示一个机场附近飞机的位置和高度。航空交通管制员可以通过飞行员的飞行方向做出各种决定，以确保飞机之间保持安全的距离。

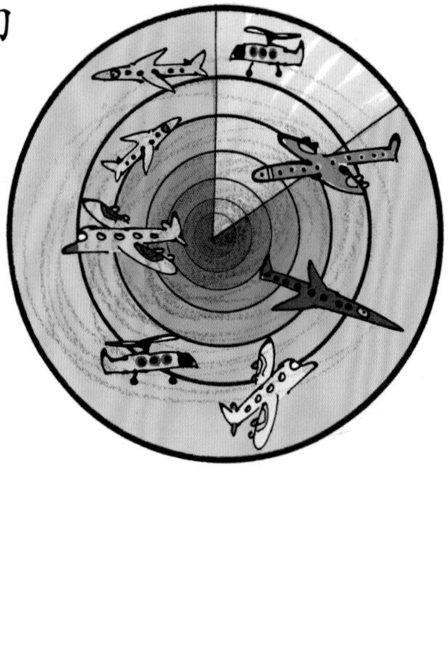

树的年轮

在北半球，朝向南边的树的年轮总是更稀疏一些。

跟着太阳飞

聪明的蜜蜂们把太阳当成罗盘仪使用，即便太阳躲在云里，它们也可以用眼睛感知蓝天里透出来的紫外线，从而辨别方向。

罗盘草

罗盘草是向日葵家族的一员，最高可以长到2米。它的底部长着一簇巨大的、有着深深锯齿状的叶子。这种植物非常特别，因为它的叶子总是朝着南北方向生长。据说，旅行者们穿越美洲大草原的时候，就常常用它来辨别方向。

GPS

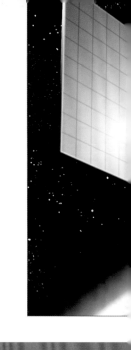

卫星俯视着地球上的每一个角落。GPS（全球定位系统）的24颗导航卫星在多轨道，以12小时的周期环绕地球运行，持续不断地向人们的汽车、手机等设备发送无线电信号。

每一颗GPS卫星都携带着原子钟，非常精确地按一毫微秒（一秒的十亿分之一）走动。卫星传输的数据可以显示在某个特定时间里它所处的位置。

所有的卫星都同时传输这个信息，但因为它们在天空中的位置不同，所以地面上的人们接收到它们传来的无线电波的时间会有细微的差别。

一颗导航卫星在距离地面20 000千米的轨道上以每小时14 000千米的速度运行。

当接收器处理4个及以上GPS卫星发来的信号时，它就能计算出自己所在的位置、速度以及相对海平面的海拔。

司机把目的地信息输入信号接收器。通过接收器里存储的地图和更新的GPS信息，接收器就会发出声音指示和画面导航，为司机指路。

坐标

把地图分成许多小方块，再用一个数字加一个字母来表示每个方块，这样的读数就被称为“坐标”。坐标用来确定物体的位置，例如，显示地图上的某一个镇子。

数学小贴士：坐标

试着在下图中找出每个坐标代表的动物吧！

B1, E7, G9, I2, J9, H5, F2, D10, B9, C4, B6, F5, J6

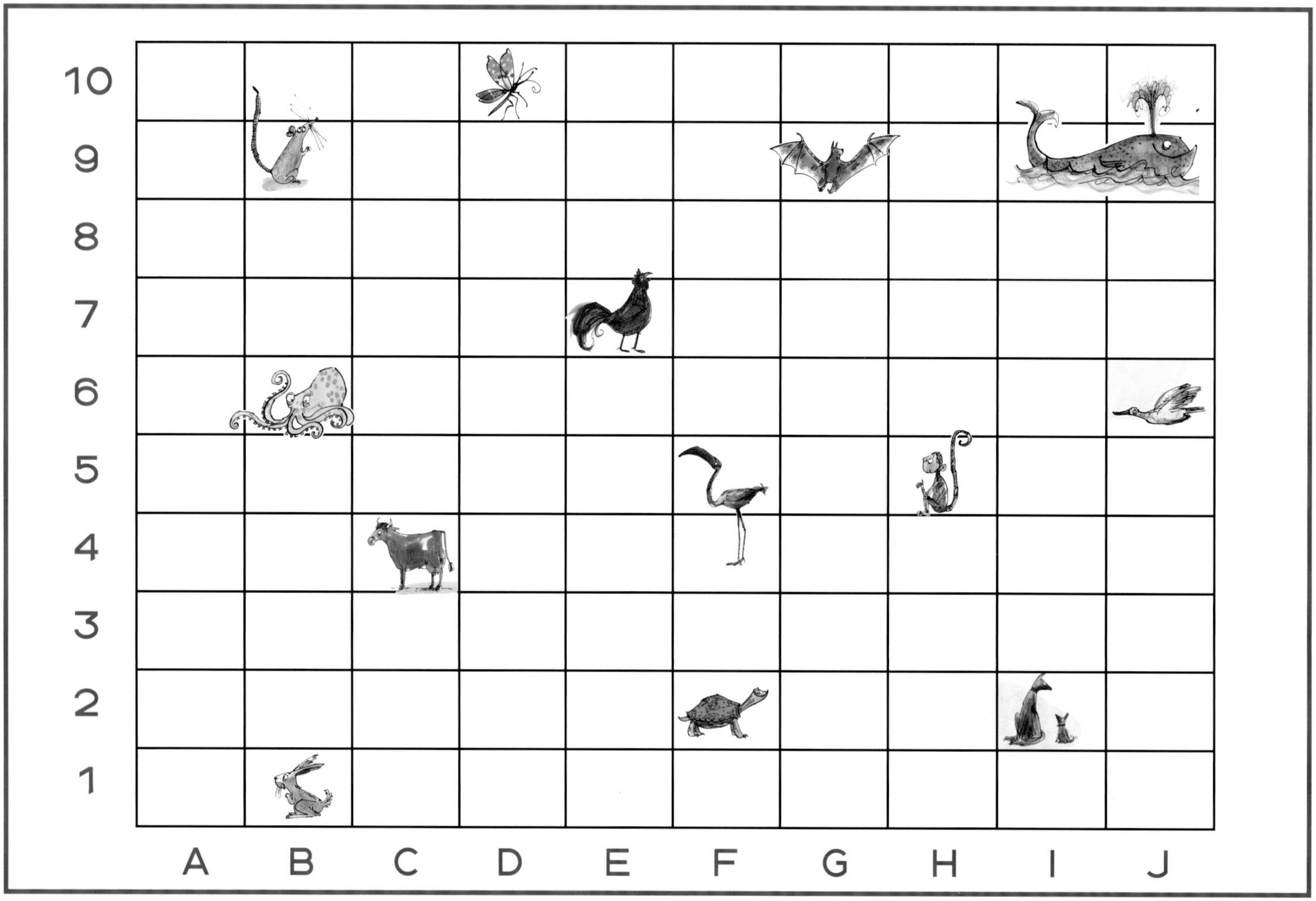

点对点

如果需要计划从一个地方到另一个地方的路线，我们通常会计划从某一个点到另一个点，然后再到下一个点，以此类推，直到抵达终点。这就叫“测绘”。

测绘也可以用在其他场合。比如，有一个很难完成的任务，就可以把它分成不同的阶段，分阶段一步步完成，就像按照说明书拼装模型一样。

船长用这张海图测绘方位。

进攻

在第二次世界大战中，军队的指挥官可以通过在地图上移动船只或坦克模型来谋划行动。

按序排列

在餐具抽屉里，每一样东西都各归其位。

我们发现把东西按照大小、形状或者颜色来排列往往非常有用。有些时候，排列的顺序可能基于东西的数量、性质，或者使用方式。

维恩图

维恩图是一种用圆形记录分组的方式。把同样的一类东西放在同一个圆里，而既可以放在这个圆里又可以放在那个圆里的东西，就放进两个圆的重叠部分里。

物种分类

世界上动物的种类千千万万，因此我们需要用某种特别的方式来给它们分类，这样才能帮助我们记录看到或发现的动物。我们现在使用的是瑞典科学家卡尔·林奈在19世纪发明的系统，他将动物们分在了不同的类别下。

印度军队的士兵们排成整齐的队列行进。

找不同

人类的生存法则之一是发现不在正确位置上的东西。如果有东西不在正确的位置上，可能就被动过或者故意改变了顺序以误导别人。这可是很危险的！

追踪

猎人们要找到猎物，就得跟着它们留下的痕迹。经验丰富的追踪者们会注意被扰动的矮树丛或者一些动物的粪便，但最有用的标志还是每种动物独特的脚印。

跟踪者指着泥土里狮子的脚印。

沙滩上的足迹

在丹尼尔·笛福写的著名的《鲁滨孙漂流记》中，一个叫鲁滨孙的船员遭遇海难，来到了一个荒芜的海岛。在很长的一段时间里，鲁滨孙虽然独自一人，但他过得不错，也感觉很安全。

突然有一天，一切都改变了……

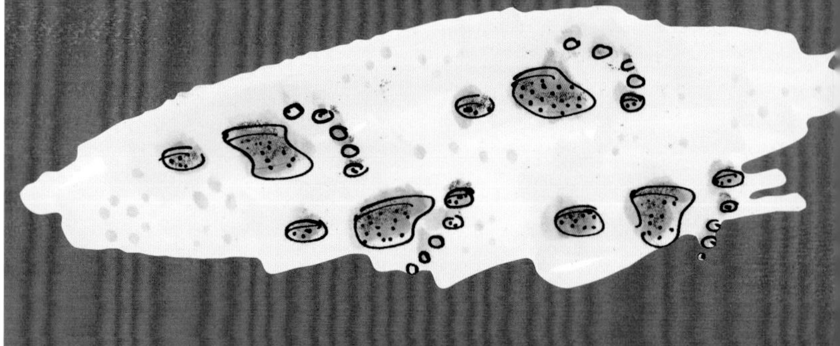

他小心地在海岛上搜寻，想找出是谁留下了这些足迹。

很快，他发现食人族把一个人带到了岛上，正准备杀掉这个人！

鲁滨孙救下了这个人，并给他起名“星期五”，因为救他的那一天正好是星期五。

鲁滨孙现在有伴儿了，星期五教了他很多新的生存技能。不过，鲁滨孙知道，他终究还是要想办法回家的。当一艘寻找淡水的船只路过时，鲁滨孙终于得救，带着星期五返回了家乡。

小测试

1.罗伯特·穆恩想出了什么主意帮助邮政系统？

2.海员们用什么仪器测量太阳与海平面之间的夹角？

3.人们想象出来的环绕地球中间的纬度线叫什么名字？

4.在南半球，什么星群能帮助我们找到南方？

5.直角是多少度？

6.方位由多少个数字组成？

7.GPS的意思是什么？

8.用圆表示不同群组之间的关系的方式叫什么？

9.最早从南极到北极进行环球旅行的人是谁？

10.谁写了小说《鲁滨孙漂流记》？

答案：1.邮政编码 2.六分仪 3.赤道 4.南十字星座
5.90度 6.3个 7.全球定位系统 8.维恩图
9.兰奴夫·费因斯爵士和查尔斯·巴顿 10.丹尼尔·笛福

索引

数学知识点

拓展知识点

·生活中的数学真有趣，有趣就会有兴趣·

测量真好玩

[英] 史蒂夫·威　菲利希亚·洛 / 著
[英] 马克·比奇 / 绘
美国兰登书屋 / 组编
罗　颖 / 译

浙江科学技术出版社

图书在版编目（CIP）数据

生活中的数学真有趣，有趣就会有兴趣. 测量真好玩/(英)史蒂夫·威,(英)菲利希亚·洛著；(英)马克·比奇绘；美国兰登书屋组编；罗颖译. -- 杭州：浙江科学技术出版社, 2022.9

书名原文: Simply Maths

ISBN 978-7-5739-0227-6

Ⅰ. ①生… Ⅱ. ①史… ②菲… ③马… ④美… ⑤罗… Ⅲ. ①数学—儿童读物 Ⅳ. ①O1-49

中国版本图书馆CIP数据核字(2022)第148321号

书　名	生活中的数学真有趣，有趣就会有兴趣. 测量真好玩		
著　者	［英］史蒂夫·威　菲利希亚·洛		
绘　者	［英］马克·比奇		
组　编	美国兰登书屋		
译　者	罗　颖		
出　版	浙江科学技术出版社	网　址	www.zkpress.com
地　址	杭州市体育场路347号	联系电话	0571-85176593
邮政编码	310006	印　刷	河北鹏润印刷有限公司
发　行	读客文化股份有限公司		
开　本	1092mm × 1000mm 1/16	印　张	20（全10册）
字　数	400 000（全10册）		
版　次	2022年9月第1版	印　次	2022年9月第1次印刷
书　号	ISBN 978-7-5739-0227-6	定　价	269.90元（全10册）

特邀编辑　唐海培
责任编辑　卢晓梅　责任校对　张　宁　责任美编　金　晖　责任印务　叶文炀
封面装帧　贾旻雯　内文装帧　陈宇婕　黄巧玲

我们的生活中，处处充满有趣的数学！

独角仙能够搬动相当于自身体重850倍的东西；

人的鼻子能够分辨出4000～10 000种气味；

温度其实有最低值——−273.15℃……

现在，一起进入有趣的数学世界吧！

太重啦

当我们推、拉或者抬起一样东西的时候，我们得用上肌肉的力量才能让东西动起来。每样东西都有重量。当然，有些东西很轻，很容易就能挪动它们，可有些东西很重——真的太重啦！

不管要搬动什么，我们都得先知道这个东西有多重。我们通过测量大小或者称重来估算这个东西有多重；如果这个东西是液体的话，有时候还得测量它的体积。

数学小贴士：测量重量

1吨 = 1000千克

1千克 = 1000克

1克 = 1000毫克

数学小贴士：测量体积

1升 = 1000毫升

货物重重地压在车板上，每个人或推或拉地让车往前走。

称出重量

几千年前的埃及，只有国王和贵族才能拥有黄金。当需要金匠为他们打个戒指或者别的珠宝首饰时，他们会非常小心地称出金子的重量，防止金匠偷藏金子。

古代的金属砝码。

砝码是天平上用来称重的物体。国王或贵族称重时会把黄金放在天平一端的盘子上，把小砝码放在另一端的盘子上，当两端的盘子刚好一样高的时候，就把这个砝码的重量记录下来。

“动物”砝码

古埃及使用的许多砝码是人或动物形状的。更早以前，古巴比伦王朝也有使用动物形状的砝码，有青蛙形状的，也有天鹅形状的。

金衡

在中世纪的欧洲，因为人们同时使用两种计重方法，一种叫“金衡”体系，一种叫“常衡”体系，所以经常搞得混乱不清。如果你在市集买贵重金属或珠宝，要用“金衡”体系计重；如果你要称糖、谷物等食品的重量，就要用“常衡”体系计重。

迪拜金器市场里待售的黄金珠宝。

当时，法国国王路易十六命令一群专家研制出了一种新的计量体系，就是我们今天正在使用的公制计量体系。

公制计量

在过去的很长一段时间里，世界上出现过好几个计量系统。“英制”系统曾经是最广泛使用的重量测量体系。如今，包括美国在内的许多国家仍然使用盎司、磅、英担和英吨等英制单位来计量重量。然而，大部分的国家已经采用了十进制的公制计量体系，单位有克、千克和吨等。

削走金币

1696年，伟大的英国科学家艾萨克·牛顿需要为国家解决一个严重的问题。他当时正出任英国皇家铸币局的局长，负责用黄金和白银铸造国家货币。

1
小偷们把金币的边角都削下来偷走了……
有些金币被削得只剩下一半的重量。

2
我们可以用这些金子来做假币……

小偷们用薄薄的一层黄金包住铅来制作假币，让假币看起来和真的一样。

3
我有办法了！

根据艾萨克·牛顿的新设计，所有金币都有了隆起而坚硬的边缘。

早期的金币边缘薄薄的，很容易被削掉。

谁更强壮

和独角仙相比，大象能搬运更重的货物，但那也只是大象自身体重的$\frac{1}{4}$。而考虑到独角仙的体重，它其实更强壮——因为它能够搬动相当于自身体重850倍的东西！

如今，大多数硬币都有隆起或者锯齿状的边缘。

你有多强壮

你能搬起多重的东西？一般人能搬动的重量约等于自身的体重。训练有素的举重运动员能举起超过自身体重两倍的杠铃。

上秤

秤能显示放在上面的东西有多重。

商品交换最常见的方式就是基于商品本身的重量进行交换。为了公平起见，人们常用秤或者天平来称重。

天平看起来就像个跷跷板，一边放着货物，另一边放着已知重量的砝码，砝码从少到多不断叠加，直到两边一样平为止。而称重的秤上一般都有着均等的刻度，以显示上面的东西有多重。

选择正确的重量单位

每个东西都有重量，都可以用重量单位来衡量。要想更清楚地知道一个东西有多重，最好先了解并使用合适的重量单位。这辆卡车运了400万克的木头，这里的400万克就等于4吨。

400万克=4吨

按重量付钱

我们买东西要付的钱往往基于商品的重量。很多商品是按重量来卖的，为了确保准确、公平，人们经常要检查商家的砝码。

宇航员在太空中自由地漂浮，因为没有足够大的引力将他们拉向地球。

重量

重量其实是一种力。当我们坐在椅子上时，地心引力把我们朝着地面的方向拉，而椅子也产生了一种力，把我们往上托，这两种力之间达到了平衡。如果一头大象坐在椅子上，因为大象比较重，受到的向下的地心引力超过了椅子能产生的向上的支持力，没准儿就会把椅子坐塌！

重力

当宇航员脱离地球的层层大气，飞往太空时，他们就会处于“失重”状态，不再被拉向地面，而是到处漂浮。他们看起来仿佛没有了重量，其实是因为在遥远的太空，几乎没有地球的引力将他们的身体往地面拉。

对我们的身体产生拉力的正是重力。重力作用于我们身边的所有物体，也让所有物体产生了重量。

粒子

我们和一切物体的重量都来自构成我们的粒子。单个个体的粒子越大，数量越多，间隔越紧密，物体的重量就越重！

真的太重了

很多古代神话故事都和超级重的东西有关。还有一些超级重的人，他们的能力让我们震惊。

阿特拉斯

在古希腊神话中，因为反抗宙斯而被降罪的阿特拉斯收到的是一项惊人的任务：他得用头和肩托起苍天！

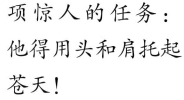

其实阿特拉斯的任务比西西弗斯的更轻松。不过古希腊人并不知道这一点，因为天上的大气层举无可举，根本谈不上有什么重量！

西西弗斯

在古希腊神话中，科林斯的国王西西弗斯因为撒谎和欺骗，被神灵惩罚去完成一项徒劳的任务——把一块巨石推上山，只要巨石到达山顶并且从山的另一边滚下来，他就可以重获自由。

然而他永远做不到。因为每当他推着巨石快到山顶时，他就精疲力竭，再也无法推动巨石，巨石就重新滚回山脚下，而他只能从头再来。

相扑

对日本相扑选手而言，体重越重越好。他们会吃一种特别的营养餐，使体重高达200千克。赛前仪式结束后，选手们半蹲下身子，试图用威胁性的目光在气势上吓倒对手。如果任何一方被推出比赛场地，或者除脚底以外的身体部位接触了地面，就算输。

最后一根稻草

“最后一根稻草”是指人或事物已经到了忍受的极限，再多一点压力就会崩溃、无法承受。故事来源于一个贪婪的商人不断地把一捆一捆的稻草放到骆驼背上，最后，他看见地上还有一根稻草，舍不得丢弃，就捡起来放在了骆驼的背上——可怜的骆驼终于不堪重负，被压垮了。

阿基米德

据说早在公元前200多年，古希腊科学家、物理学家阿基米德就解决了“一吨砖头和一吨羽毛哪个更重”这个带有欺骗性的问题。

阿基米德认识到，重量相同的不同物体占有的空间大小不同。传说这是他在泡澡时看见浴缸里的水溢出来后想到的。溢出的水的体积相当于他身体的体积。但是有些东西虽然重量相等，浸入水中排出的水的体积却不相等。

1
我觉得珠宝商人骗了我，我给他纯金，让他替我打造一顶皇冠……

2
但我觉得他用别的金属做了皇冠，只是在表面镀了一层金。

在国王的注视下，阿基米德把皇冠浸入水中，并拿了一个碗来接溢出的水。

然后，阿基米德又把一块和皇冠重量相等的纯金放进了水里。

阿基米德证明了这个珠宝商人是个骗子！

阿基米德螺钉

阿基米德还发明了一个非常巧妙的螺钉系统，可以把水从河里卷起来，送入比河岸高得多的灌溉管道里。

随着螺钉慢慢地旋转，叶片会把水卷上来，然后慢慢旋转，让水越升越高。

在美国加利福尼亚州海洋世界的水滑道里，两个巨大的阿基米德螺钉将大约25万升的水从滑道的底部卷起来送到顶部。

排水量

当一艘船漂浮在大海上，船体会占据一些原本属于水的空间，排开的水的重量就是排水量。漂浮的船只排出的水的重量就等于船体的重量。当船装满乘客和货物的时候，因为船承载的重量增加了，排水量也会增加。

乌鸦喝水

寓言故事通常短小，却有着意味深长的道理。这则寓言的主人公是一只口渴的乌鸦，它其实和阿基米德一样聪明呢！

如果不赶紧找到水的话，我就要渴死啦！

很幸运的是，这只乌鸦找到了一个罐子。

普林索吃水线

为了确保船只没有过载，也不会沉入危险的深水，每条商船的侧面都有一条标志，显示的是该船装载货物时船身的吃水深度。

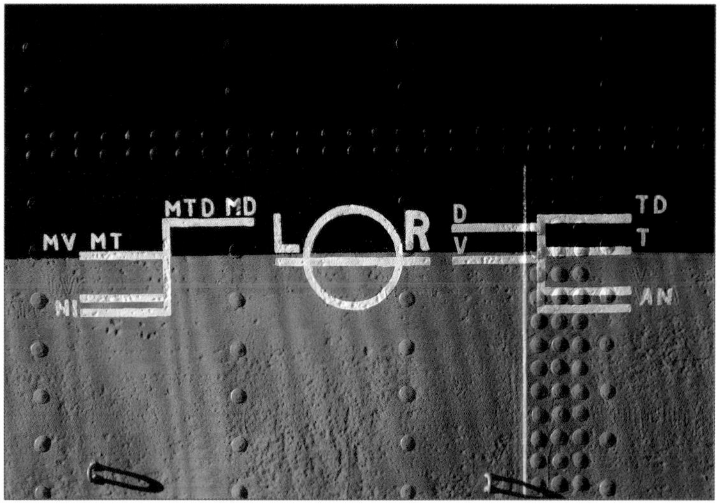

这个标志是英国人萨缪尔·普林索发明的，因此被称为“普林索吃水线”。

可是，当乌鸦把脑袋探进罐子时，它发现里面只剩一点水了。

我的嘴没法伸到罐子最底下，喝不到水啊！

然后，它想出了一个主意。它找来一块石头，扔进了罐子里；又找来一块石头，再扔进罐子里。很快，它就看到水面越升越高了。

现在我能喝到水啦！

测量液体

我们经常需要知道某一瓶液体有多少——这就是所谓的体积。某一样容器可以装进的液体的总量就是该容器的“容积”。

液体的体积或容器的容积的单位是升（L），比升更小的单位是毫升（mL）。1mL的液体差不多就是20滴。

在实验室里做实验的时候，液体的计量一般都以毫升（mL）为单位。

听听有多满

你有没有注意过，当你往玻璃瓶里装入不同量的水，再用汤匙敲击瓶子时，就会听到不同的声音？我们的祖先也发现了这一点。他们在测量装谷物或大米的容器的容积时，会先用棍子敲一敲，然后听一听声音的高低。

这些瓶子都有着相同的容积，
装着同样体积的液体。

测量容积

有时候，容积可以用立方单位来表示。想象一个由无数相同大小的立方体紧挨着组成的物体，这就是立体图形。要测量立体图形的容积，我们一般用“立方厘米”或“立方米”作为单位。也许你不相信，其实容积的测量无处不在。

液体都有体积。当我们往一个容器里加入液体，容器的容积不能小于液体的体积，要不然液体就会溢出来！气体没有明确的体积，但会填满容器，所以气体的体积会随着容器的大小而变化。

车上的这个仪器会显示油箱里还有多少汽油。汽油是按升（L）计价的。

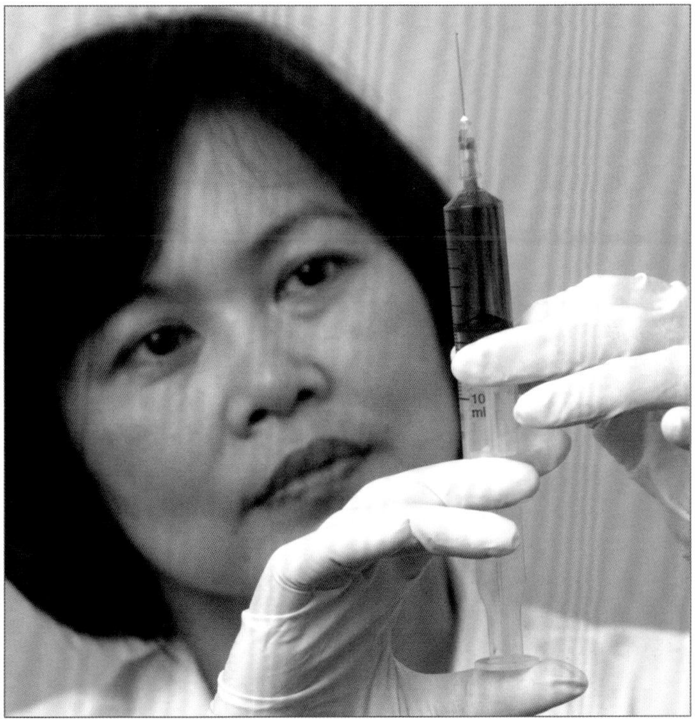

医生要量出精确的药剂体积，才好为病人用药。一根这样的针管可以装大约10毫升的药剂。

潜水员要确保自己的装备里有足够的氧气。这个潜水气瓶装了15升的氧气，供潜水员在水下呼吸。

泳池的容积是以立方米为单位计算的。1立方米水等于1000升水。学校游泳池的容积大约是375立方米。

热和冷

几千年来，人们靠自己的感觉来判断温度。感觉冷了就多穿点衣服，感觉热了就脱下外套。厨师要想知道锅内的油热了没有，就会把手伸到锅的上方去感受。而如果要更准确、也更安全地测量温度，就需要用到温度计了。

“三狗之夜”

很久很久以前，澳大利亚的原住民几乎不穿衣服。如果夜晚很冷，他们就抱着一只或者几只狗蜷缩在一起。相传，这些人是用取暖时抱着的狗的数量来衡量温度的！“一狗之夜”有一点冷，而“三狗之夜”肯定就非常冷了。

华伦海特的故事

400多年前，温度计还没有被发明出来，人类根本没有精确测量温度的仪器。直到300多年前，德国科学家丹尼尔·加布里埃尔·华伦海特发明了我们如今仍在使用的华氏温度计。

华氏温度计是一个封闭的玻璃管，一端是一个装满了水银的玻璃泡。水银受热时，就会沿着玻璃管往上爬升。当温度降低时，它又会降回玻璃泡里。

为了测量温度，华伦海特在玻璃管上标记了刻度。通过观察刻度，他发现水在32华氏度（℉）会结冰，在212华氏度（℉）会沸腾。

摄尔修斯的故事

现如今，大多数人使用的是另一种温标刻度的温度计，也就是摄氏温度计。它是根据发明这种温度计的瑞典物理学家安德斯·摄尔修斯的名字来命名的。

摄氏温度计的刻度单位是“摄氏度（℃）”。水降至0℃时会结冰，达到100℃则会沸腾。

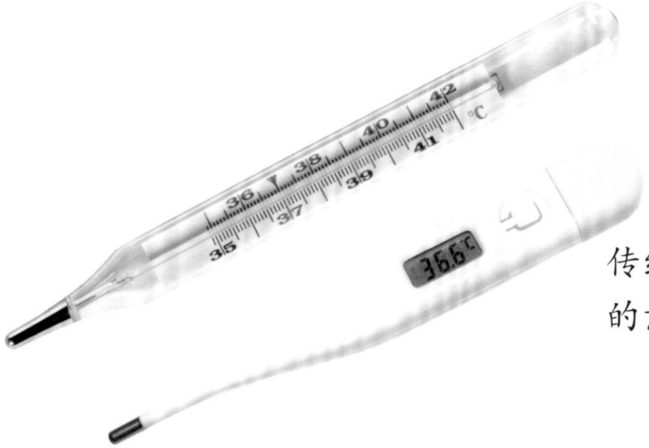

传统水银温度计和电子温度计。温度计的意思就是“计量温度的器件”。

神奇的温度

非常非常冷

人们在南极记录到了低至–70℃的低温。“绝对零度”是温度有可能到达的最低值，这个温度大约是–273.15℃。或者可以说，是非常非常冷的温度！

宇宙中的大部分地方都只比绝对零度高出几度，所以宇宙真冷啊！最近天文学家们发现，宇宙空间中有一个叫“旋镖星云”的地方，只比绝对零度高出1.15℃！

太阳系最冷的地方其实离我们很近——就在月球上。在月球的南极处有一些深坑，边缘高高耸立，坑底一直处于阴影当中——当然很冷啦！据测量，那里的温度是–240℃。

旋镖星云的运转就和冰箱一样，内部的气体膨胀导致它变得特别冷。

非常非常热

有时候，地球的沙漠里会非常热——气温高达50℃，甚至更高。但没有哪儿的温度比得上太阳中心惊人的高温！太阳中心的温度可以达到难以置信的15 000 000℃。令人吃惊的是，太阳表面的温度大约是灼热的6000℃，而太阳周围的温度甚至更高，有2 000 000℃！

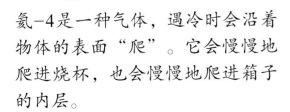

氦-4是一种气体，遇冷时会沿着物体的表面“爬”。它会慢慢地爬进烧杯，也会慢慢地爬进箱子的内层。

超级行为

当化学物质达到一定的低温时，各种奇怪的事情就发生了。一些物质，如锡和铝，在温度极低的条件下，会呈现出电阻接近零的状态，这就是超导体。而一些液体会自行在容器里“爬上爬下”，这就是超流体。

测量自己

我们每个人都是独一无二的。有许多指标可以用来测量我们自己。这些测量的方法很有意思，看看大家测量出来是怎样的吧！

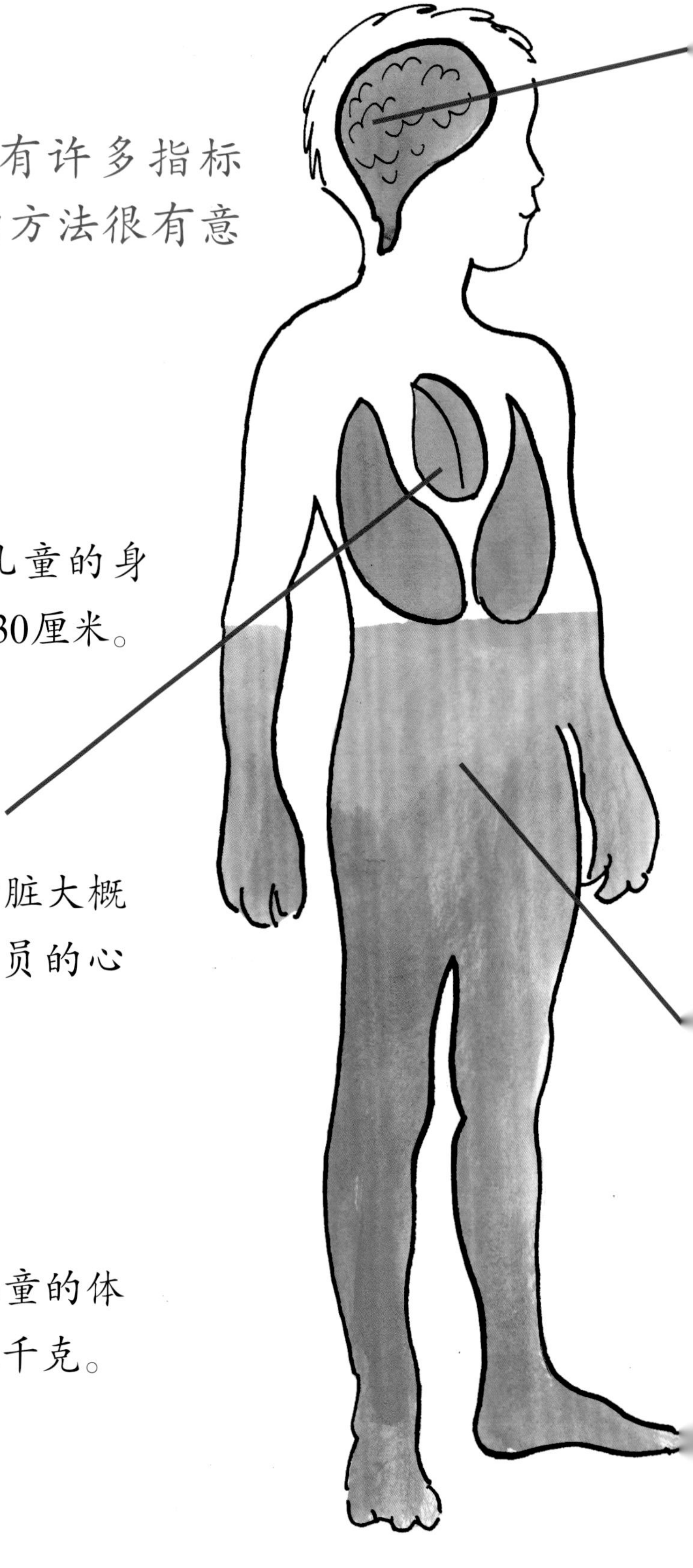

身高

7～8岁的儿童的身高一般是110～130厘米。

人在安静状态下每分钟脉搏跳动的次数就等于每分钟心脏跳动的次数，也就是心率。运动的时候，心率会加快。

心脏

成年人的心脏大概重300克，运动员的心脏会更重一些。

体重

7～8岁的儿童的体重一般是22～32千克。

大脑

大脑比心脏重多了，成年人的大脑一般在1400克左右。然而，那也只占体重的2%～3%。

血液和空气

一个成年人的身体里含有4～5升的血液（儿童的会少一点）。当一个人深深吸气的时候，肺里可以容纳5升左右的空气。

热量

人类的体温比较高，大约在37℃，这有助于人类在各种天气里保持活力。

液体

成年人体内的含水量占体重的60%～70%。

大脑容量

通常我们认为，聪明的人有更大的大脑容量。但科学家们研究天才物理学家阿尔伯特·爱因斯坦的大脑时，惊异地发现他的大脑比一般男性大脑的平均重量还小一些——那可是聪明绝顶的大脑！

如果你的鼻子很灵敏，就能够分辨出4000～10 000种气味！随着年纪的增长，人的嗅觉会变得越来越差。所以，你的嗅觉很可能比你的爸爸妈妈的嗅觉好。

要分辨玫瑰花的气味，大脑要分析超过300种的气味分子。

小测试

1.哪些古代文明有使用人和动物形状的砝码的习俗？

2.公制计量系统是在哪里发展起来的？

3.谁改革了硬币，让小偷们不能偷硬币的边缘了？

4.考虑到自身的大小，谁比大象更强壮？

5.哪位天才有着比普通男性还小的大脑？

6.什么力量让我们产生了重量？

7.在希腊神话里，是谁被罚要把一块巨石推上山？

8.阿基米德做了什么事情让国王发现珠宝商人是个骗子？

9.普林索吃水线显示了什么？

10.我们的祖先用什么方法来判断容器的容积？

答案：1.古埃及和古巴比伦　2.法国　3.艾萨克·牛顿　4.独角仙　5.阿尔伯特·爱因斯坦　6.重力　7.西西弗斯　8.把皇冠和相同重量的金子放入水中　9.显示了船装载货物时的船身的吃水深度　10.用棍子敲击容器，听听容器发出声音的高低

索引

数学知识点

拓展知识点

· 生活中的数学真有趣，有趣就会有兴趣 ·

问题真奇妙

[英] 史蒂夫 · 威　菲利希亚 · 洛 / 著
[英] 马克 · 比奇 / 绘
美国兰登书屋 / 组编
罗　颖 / 译

浙江科学技术出版社

小读客
童书

著作合同登记号 图字：11-2022-074号

图书在版编目（CIP）数据

生活中的数学真有趣，有趣就会有兴趣. 问题真奇妙/（英）史蒂夫·威,（英）菲利希亚·洛著；（英）马克·比奇绘；美国兰登书屋组编；罗颖译. -- 杭州：浙江科学技术出版社, 2022.9

书名原文: Simply Maths

ISBN 978-7-5739-0227-6

Ⅰ. ①生… Ⅱ. ①史… ②菲… ③马… ④美… ⑤罗… Ⅲ. ①数学－儿童读物 Ⅳ. ①O1-49

中国版本图书馆CIP数据核字(2022)第148323号

书　　名	生活中的数学真有趣，有趣就会有兴趣. 问题真奇妙
著　　者	［英］史蒂夫·威　　菲利希亚·洛
绘　　者	［英］马克·比奇
组　　编	美国兰登书屋
译　　者	罗　颖

出　　版	浙江科学技术出版社	网　　址	www.zkpress.com
地　　址	杭州市体育场路347号	联系电话	0571-85176593
邮政编码	310006	印　　刷	河北鹏润印刷有限公司
发　　行	读客文化股份有限公司		

开　　本	1092mm×1000mm 1/16	印　　张	20（全10册）
字　　数	400 000（全10册）		
版　　次	2022年9月第1版	印　　次	2022年9月第1次印刷
书　　号	ISBN 978-7-5739-0227-6	定　　价	269.90元（全10册）

特邀编辑 唐海培
责任编辑 卢晓梅　**责任校对** 张　宁　**责任美编** 金　晖　**责任印务** 叶文炀
封面装帧 贾旻雯　**内文装帧** 陈宇婕　黄巧玲

我们的生活中，处处充满有趣的数学！

我们的大脑每秒可以处理100万亿条指令；

我们身体的密码就藏在DNA里；

如果想要预知未来，就靠概率判断……

现在，一起进入有趣的数学世界吧！

学习的时间

当我们还小的时候，大脑仿佛在时刻燃烧——我们在学校学习、向父母学习、彼此相互学习，还从电视、网络和书籍杂志中学习。一切都是学习、学习、学习！

科学家们认为这么做是对的！为了学习，大脑必须从你出生的那天起就开始在脑细胞之间建立连接，帮助识别和存储新信息。在3岁之前，你的大脑所做的工作比往后的任何时候都多，能形成大约1000万亿个连接，差不多是成年人的两倍。

但请注意

11岁左右，大脑开始摆脱所有未使用的连接，只有那些你在早年反复使用过的才会被保留下来。所以，如果你想像现在这样继续建立“连接”和保持聪明，就需要让大脑持续忙碌。

看着这些不同的小方块，思考你和对手可能走的下一步棋，都会让你的脑细胞活跃起来。

智能

人体是由数十万亿个细胞组成的。神经系统的细胞被称为“神经元”，负责把信息从身体的每一个部位传递到大脑。

控制中心

人类的大脑有超过100亿个神经元。这些细胞的形状、大小各不相同，有些甚至只有0.004毫米宽。

神经元通过电化学过程相互交流。有些把信息传递到大脑，而有些把大脑的信息往外传递。

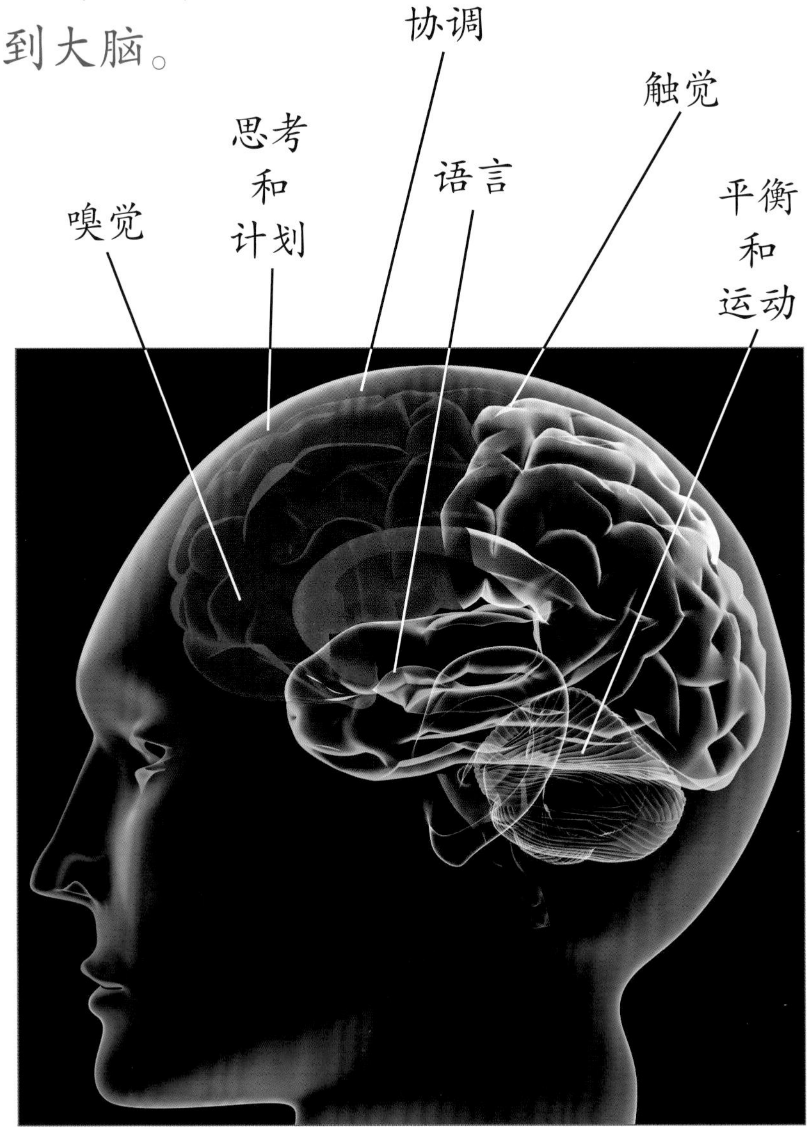

大脑的不同区域控制着我们不同的行为。

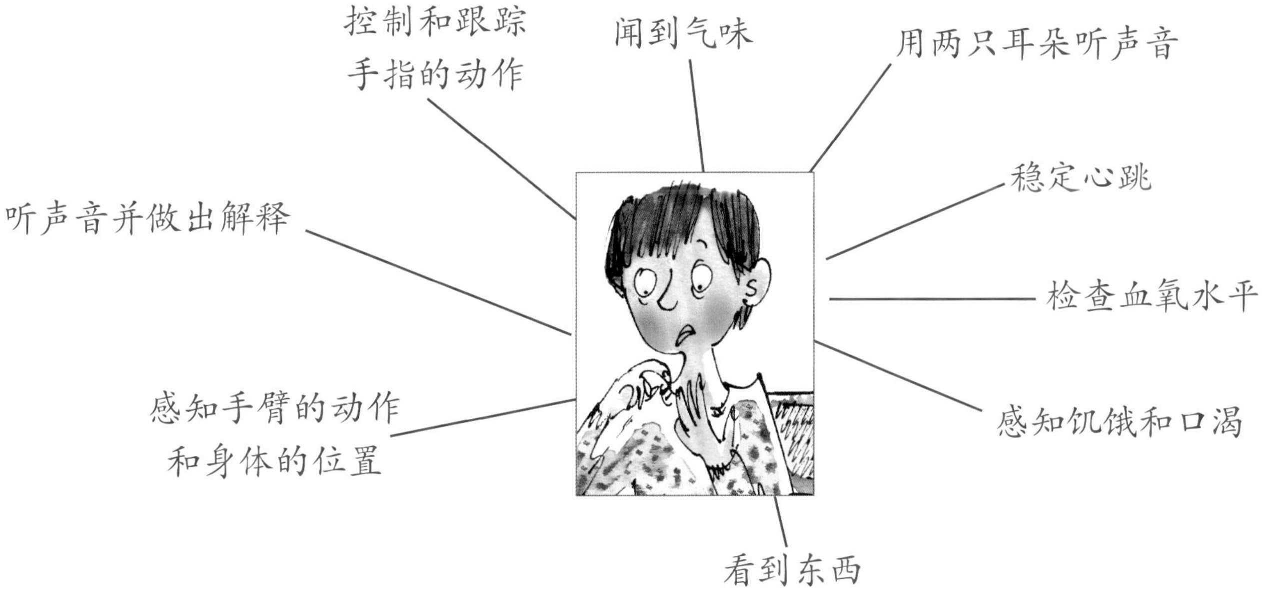

多重任务处理者

大脑每秒可以处理100万亿条指令。那可是100 000 000 000 000条！当你专注于解决一道数学题时，它会感知、检查、监控和记录数以百万计的其他数据。

科学家们认为，虽然我们在不同的情况下用的是大脑的不同区域，但都调动了全部脑力。

逐渐衰老的大脑

到了一定的年龄后，大脑不再变大。事实上，大约18岁之后，尽管大脑一直有新细胞产生，但死去的细胞总是比新生的多。不过，大脑也不至于停止工作，因为神经细胞有超过100亿个，足以让我们思考近30万年！

IQ

IQ代表智商，是衡量不同年龄人们的智力的方法。智商在90到110是平均水平，超过120就非常聪明了。

智商多少

约65%的人的智商在85到115，只有1%的人的智商可以达到甚至超过136。

金雄镕

金雄镕，1962年出生于韩国，很小的时候就显露出非凡的聪明才智。

6岁，他在日本电视节目上解出了一道微积分题。

7岁，他受美国国家航空航天局邀请前往美国。

他在美国的大学获得了物理学博士学位。11岁时，他一边上大学，一边在美国国家航空航天局做研究，一直工作到15岁返回韩国。

空间智能

空间智能也叫“视觉思维”，它可以帮助我们理解东西放置或组合的方式，识别物体、面孔和细节。它也是创意思考的一种方式。建筑师、工程师和木匠都具有很强的空间智能。

点亮灯泡

当你醒着的时候，大脑会产生20瓦左右的能量，这足够点亮一个灯泡了。

天才发明家

据说，意大利天才达·芬奇的智商高达220，这太惊人了！

达·芬奇从童年起就迷恋上了机器。他最早的一些草图清楚地展示了各种机器的部件是如何工作的。

达·芬奇认为，了解每个单独部件的工作原理，就可以提高机器的性能，然后找出新的不同部件的使用方法，就能创造出前所未有的新发明。

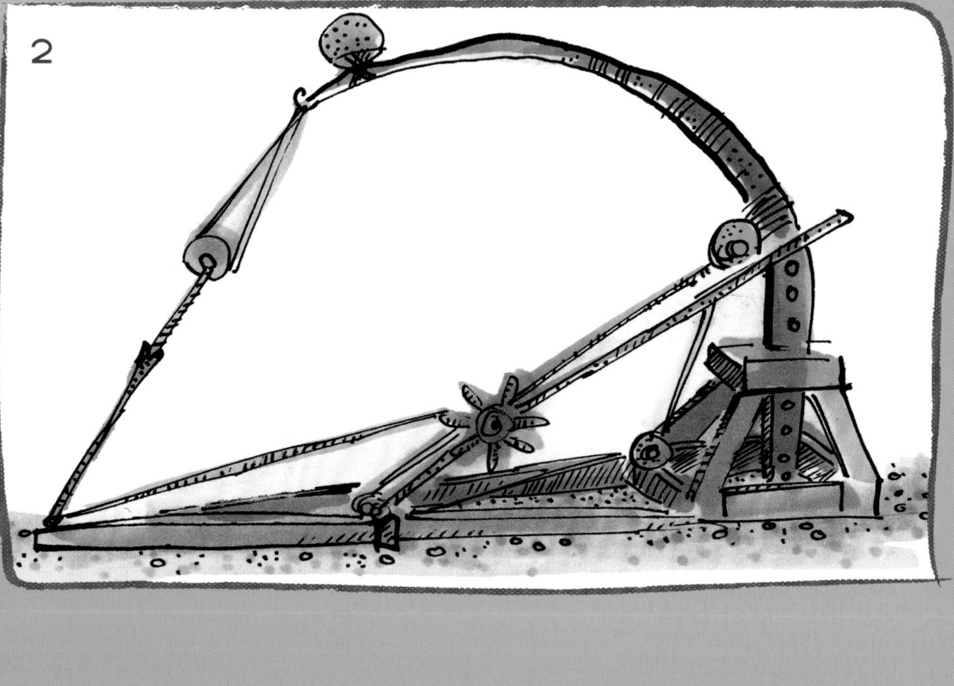

15世纪末，达·芬奇为米兰公爵工作。他设计了一些复杂的装置，比如这种可以把石块投向敌军或围城的弹射器。

他设计了一个水轮机，
可以把水升到高塔上。

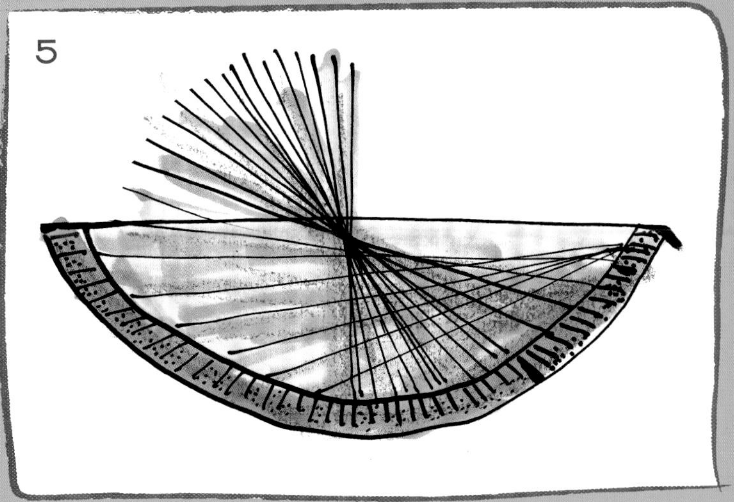

他尝试用几何思维画了许多几何图形。

达·芬奇的发明并非都很实用，但都很有想象力和独创性。例如，这台用互相咬合的齿轮做的机械计算器。

他还拥有惊人的绘画天赋，能够在纸上画出自己关于机械的想法。

500年后，人们用他的许多草图作为蓝图，制造出完美的机械模型。

微大脑

人类大脑每秒可以处理100万亿条指令。

世界上最快的超级计算机（2022年排名）能够处理近1000倍的数据——每秒高达110.2亿亿次计算。

芯片

微处理器是用一种叫“硅”的特殊“薄片”制成的。硅和其他一些材料都属于“半导体”，它们不像普通导体那样导电，又不像绝缘体那样限制电流通过。在微处理器中，半导体被用来制造小小的开关，“开”和“关”代表不同的含义。

计算机或游戏机内有一个或多个微处理器。

核心处理器

现代计算机可以用“双核”处理器同时做两件不同的事情，这样就不需要两个单独的处理器，而且工作起来更快。

现在，人们还开发出了多核处理器——将多个处理器组合在一块芯片上，同时执行多个任务。

在微处理器中，有成千上万个微小的开关蚀刻在硅基上。

机器人

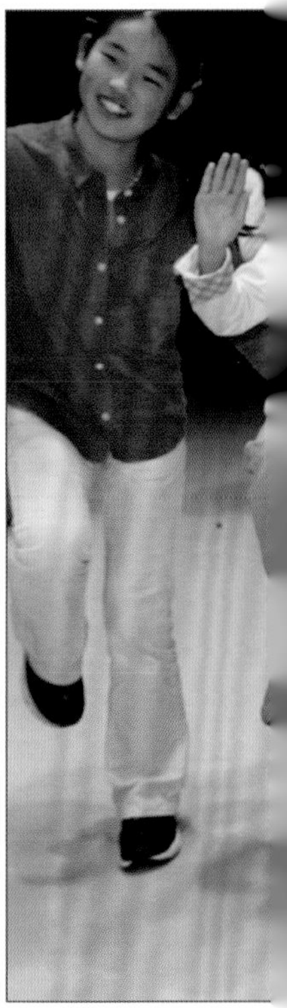
本田公司的机器人阿西莫在一群孩子面前炫耀自己的技能。

在完成简单任务的时候，机器人可以做到和人完全一样，甚至比人更快、更准确。即使是危险的工作或者在炎热、嘈杂的环境下的工作，机器人也能胜任。接受程序指令完成重复任务的机器被称为“机器人”。

特殊的机器人软件通过命令代码告诉机器人该做什么，在执行任务的时候还能控制它的动作。这种机器人软件就叫“人工智能”，通过编程，它会像人一样思考。机器人还能学习如何对可能发生的突发事件做出反应。

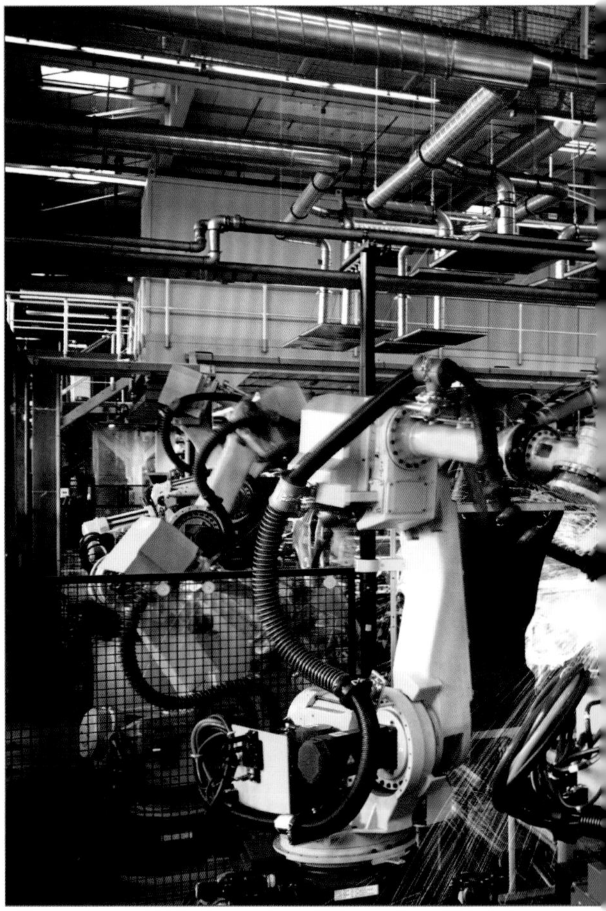
机器人模仿工厂里的操作人员执行每一项具体的任务。

阿西莫

日本本田公司的工程师想制造一种能走路的机器人，于是发明了阿西莫（ASIMO）。最新版本的阿西莫能做的事情可多了，它会跑，会在崎岖的斜坡和表面上行走、转身，还会爬楼梯和踢足球。

阿西莫能理解和响应简单的语音命令，还可以识别人的面孔。通过眼睛——摄像头，它可以绘制环境地图，同时识别出静止的物体，在移动时避开。

退役

由于阿西莫模仿人类动作的技术已经相当成熟，本田公司已经停止研发阿西莫。2022年3月31日，阿西莫举行告别演出，正式“退役”。

棘手的难题

这个叫“翻花绳”的游戏可能有数千年的历史了，如今全世界的孩子都会玩。这个游戏是由两个人一起玩的，用一根绳子绕着手指围出各种形状。

将一根绳子的两端绑在一起，双手撑住，大拇指放在绳子的外面。

每只手绕绳子一圈，保持大拇指仍然在绳圈外。

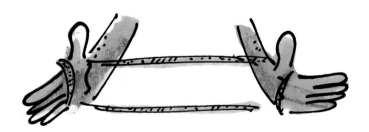

将一只手的中指穿过另一只手的绳圈，拉回到对面。

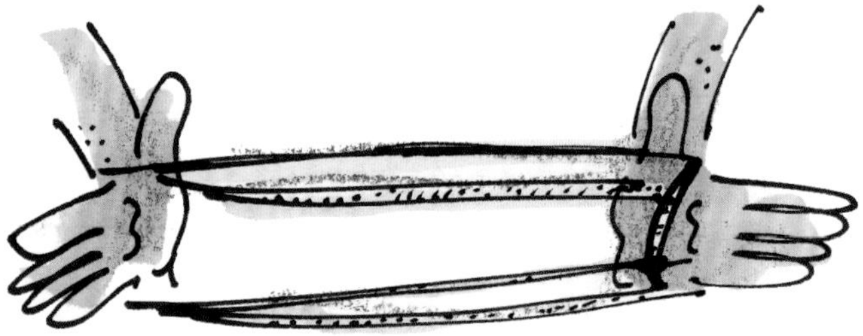

用另一只手的中指进行同样的操作。这个动作叫“猫摇篮”。

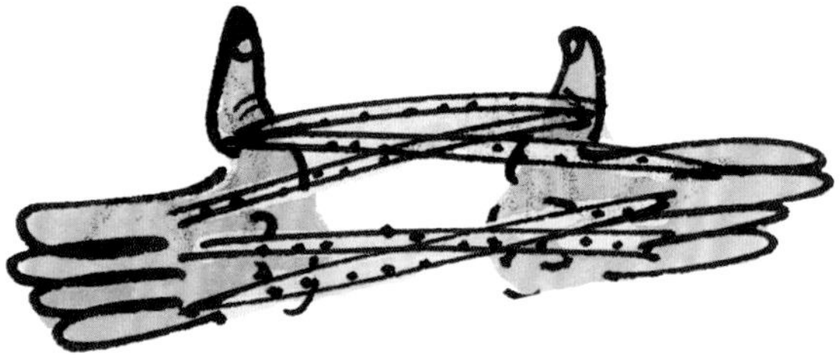

这个图形用的是另一种绳结技巧，叫“电车轨道”。

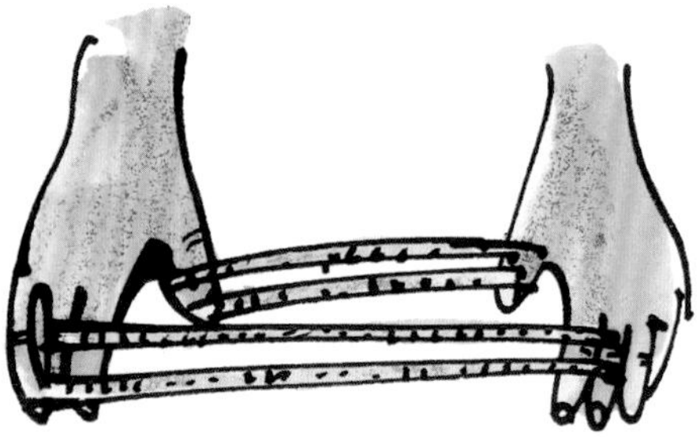

这个叫“马槽”。

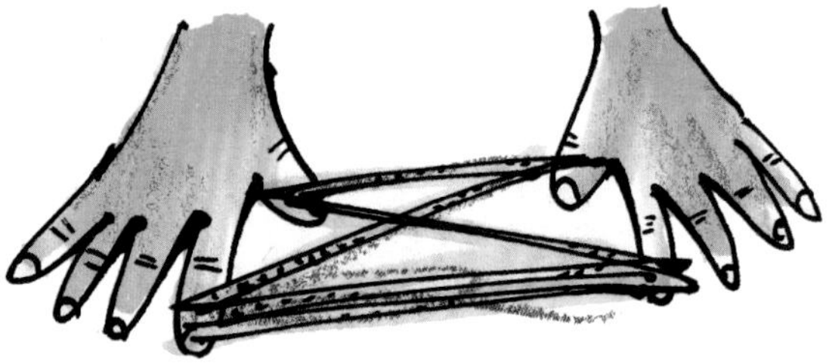

填数题

填数题在很早以前就存在了，最早出现在19世纪的报纸上，是一种数字填空游戏，需要玩家在网格或数列里填上缺失的数字。如今在网上就可以玩到很多这样的游戏。

“填数题”是由退休的美国建筑师霍华德·加恩斯发明的，后来由日本益智书籍专家锻治真起开发并更名为“数独”，广受欢迎。数独所要做的就是在9×9的网格中填写数字1到9。这听起来很简单，但其实有6 670 903 752 021 072 936 960种组合！

O和×

早在公元前1300年，埃及人就开始玩圈叉游戏了。玩家可以选择O或×，谁先用3个相同的图形连成一条线谁就赢。游戏很简单，但仍然有255 168种玩法。

加密的秘密

几千年来，人们一直用密码来发送秘密信息。密码可以由字母、数字甚至符号和标志组成，但必须足够难，要确保除了知道密码的人，其他人都破解不了。

最早的一种密码是由尤利乌斯·恺撒设计的，他将每个字母移动三个位置，使A变成D，B变成E，C变成F，以此类推。

象形符号

最初用于书写的符号叫“象形文字”。大多数书面语言都是从象形文字开始的。随着时间的推移，象形符号也被用来表示声音。这些是泰语中的字母。

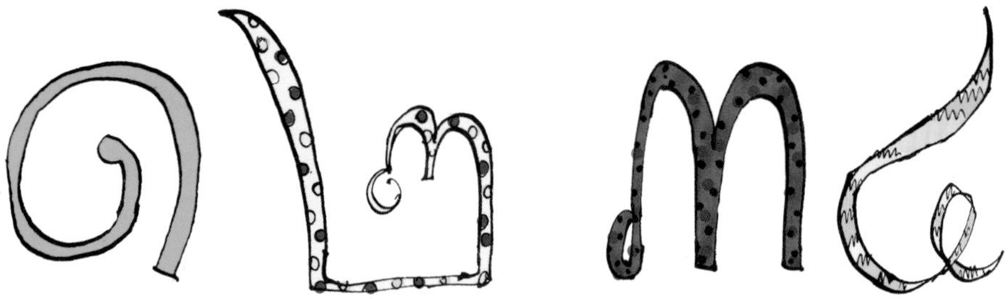

罗马人只用23个字母来写拉丁语。他们只有大写字母，用I表示J，用V表示U和W，所以Julius Caesar写作IVLIVS CAESAR。

A	=	D
B	=	E
C	=	F
D	=	G
E	=	H
F	=	I
G	=	K
H	=	L
I	=	M
K	=	N
L	=	O
M	=	P
N	=	Q
O	=	R
P	=	S
Q	=	T
R	=	V
S	=	X
T	=	Y
V	=	Z
X	=	A
Y	=	B
Z	=	C

冒烟的代码

美洲的原住居民通过控制火中的烟雾来发送信息。有些信息是加密的，有些是通用的：一阵烟是为了引起注意，两阵烟意味着一切都好，三阵烟意味着求救或危险！

安全的秘密

当人们存放有价值的物品或信息时，都希望确保未经授权没有人可以查看，因此保险箱有一个非常牢固的锁。有些锁是用密码打开，而不是钥匙。要打开密码保险箱的门，需要输入一系列复杂的数字，而且必须按照正确的顺序。

这个保险库是用锁锁住的，所有的锁都需要密码才能打开。

身体密码

我们之所以能成为我们自己，是因为每个人都有一种独特的代码。组成我们的约60万亿个细胞，每一个都有中心，也叫“细胞核”。每个细胞核都有46条染色体，其中23条来自我们的父亲，23条来自我们的母亲。

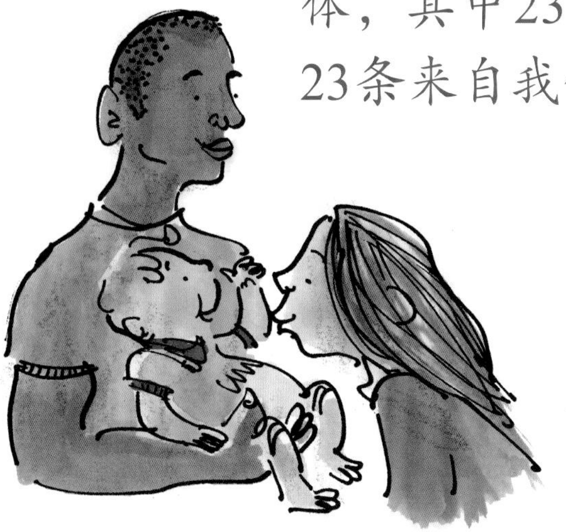

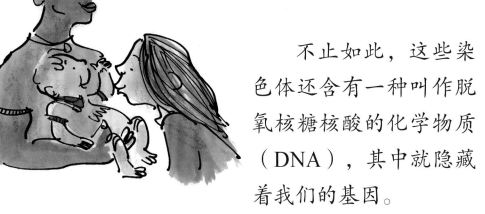

不止如此，这些染色体还含有一种叫作脱氧核糖核酸的化学物质（DNA），其中就隐藏着我们的基因。

一条DNA链包含4种微小的基本组成部分，科学家通常使用字母A、T、G和C来表示，它们代表着非常复杂的化学物质的名称。

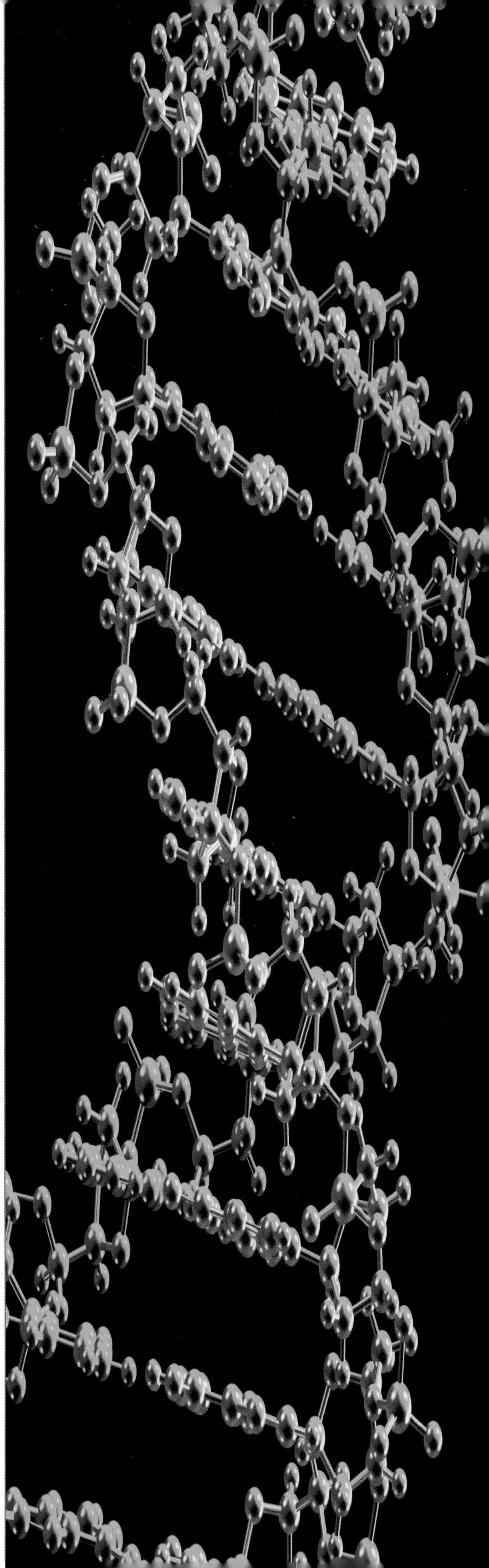

DNA形成了这样缠绕的形状。

DNA密码

这些字母被用来给每一段DNA编码。例如，你可能会得到类似AATTGCCTTTTAAAAA这样的代码。当人类孕育生命时，父母的DNA密码，也就是遗传密码，就会通过精子和卵子传递给孩子。

DNA密码可以用来识别人。

一个男性的精子细胞里大约有30亿个碱基沿着DNA链依次排列。而女性的卵细胞也包含30亿个碱基，它们以相似但不同的方式排列。

碱基的组合是无限的，每个人都有自己的组合方式。

犯罪嫌疑人

要找到一个人的DNA线索，只需要他的一滴唾液即可。罪犯可以清除他们触摸东西后留下的指纹，也可以通过漂白来洗掉血迹，但如果他们在犯罪现场刮蹭掉一小块皮肤，或者留下一根头发、一滴唾液，他们的DNA就会留下来，侦查人员就能检验和检索出他是谁。

迷宫小径

众所周知，只要原地旋转几秒钟，人就容易失去方向感。当大脑识别不到任何熟悉的标记时，也会发生这种情况。

花园迷宫

数千年来，许多故事里都出现过神秘小径。如今，我们仍然可以在古希腊城市的废墟以及一些旧教堂看到这样的小径。500年前，花园迷宫流行起来，有些用高树篱，有些用低矮的草皮或石头作为分隔墙。

意大利威尼斯附近的皮萨尼别墅花园迷宫号称是世界上最复杂的迷宫。但世界上最大的迷宫是美国夏威夷的多尔菠萝种植园迷宫，它占地1.2公顷，有近4千米的小径。

皮萨尼别墅的花园迷宫。

识途

有些动物天生就有方向感，所以它们从不迷路。海豚和蝙蝠等动物能够感知海洋或空气中的声波，所以能沿着正确的方向前进。蜜蜂利用太阳来寻找位置，候鸟群沿着开阔地的地标迁徙。

追寻线索

在最精彩的侦探小说中，聪明的侦探总会发现一条细微的线索，神秘的犯罪案件便迎刃而解。然而，这需要事先做很多工作！

大多数问题都是一步一步解决的。我们一点一点加深理解，直到最终找到答案。

这种收集信息的方式就是按顺序收集。规划正确的顺序对实操者来说很重要——他们必须自始至终都按照正确的顺序做每件事。

7座桥

18世纪70年代，普雷格尔河从德国的哥尼斯堡横穿而过。

这条河在市中心被一分为二，然后再次分流，形成了一座小岛。人们通过河上的7座桥交通往来。

一天，有人提出了一个有趣的问题。

有没有可能绕着小岛走一圈，且每座桥只穿过一次？

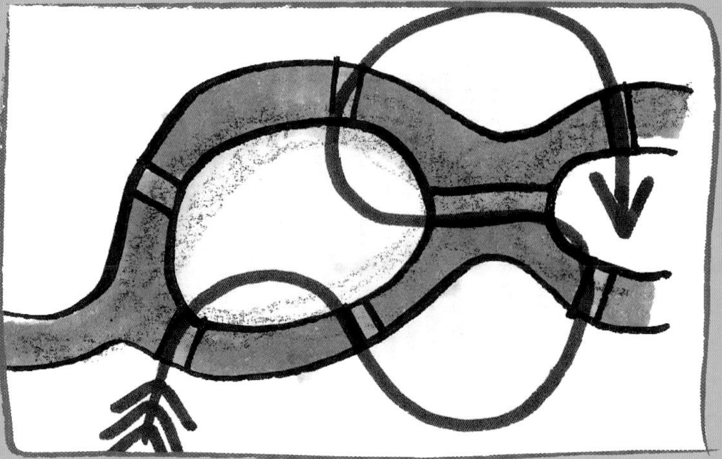

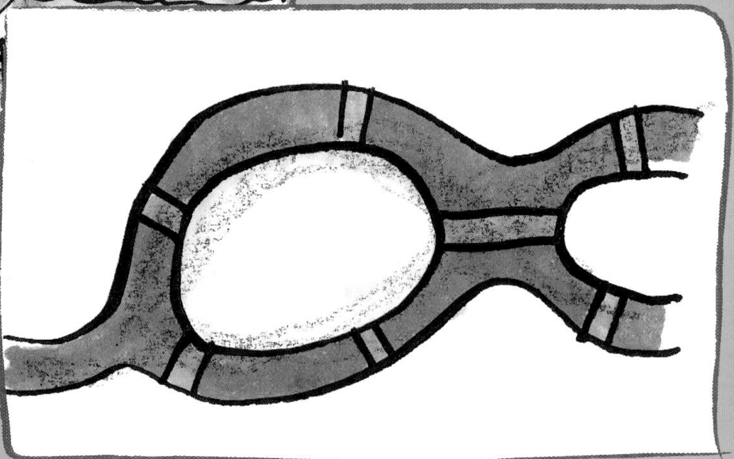

他们画了一张这样的城市地图，并试着规划一条能穿过每座桥的完整路线。

但是不管怎样努力，都会至少漏掉1座桥！

哥尼斯堡的7座桥是一个著名的历史性数学问题。伦纳德·欧拉是当时的瑞士数学家，以提出了许多复杂的数学理论而闻名，但这个问题连他都无法解决。

然而，他发明了一种新的图形，可以在上面记录要走的路径或操作的正确顺序，这个系统至今仍被数学家使用。

答案是……

微积分是人们能接触到的一种较复杂的数学知识，也是今天数学中非常重要的一部分。

我们经常用图表记录信息，而微积分能让图表发挥更大的作用。它有助于计算出图表上线条上升和下降的程度，帮助我们理解数据。例如，只需要查看一辆车的速度记录，运用微积分就可以计算出它加速的速度和行驶的距离。

更多的数学

有一天，你可能会学到其他的数学分支学科，如研究形状的几何学、研究三角形的三角学等。三角学在天文、航海和科技中都有应用。代数是求解方程的一种方法，而算术主要是处理简单的数字题。

右图为单个微积分问题的一部分。

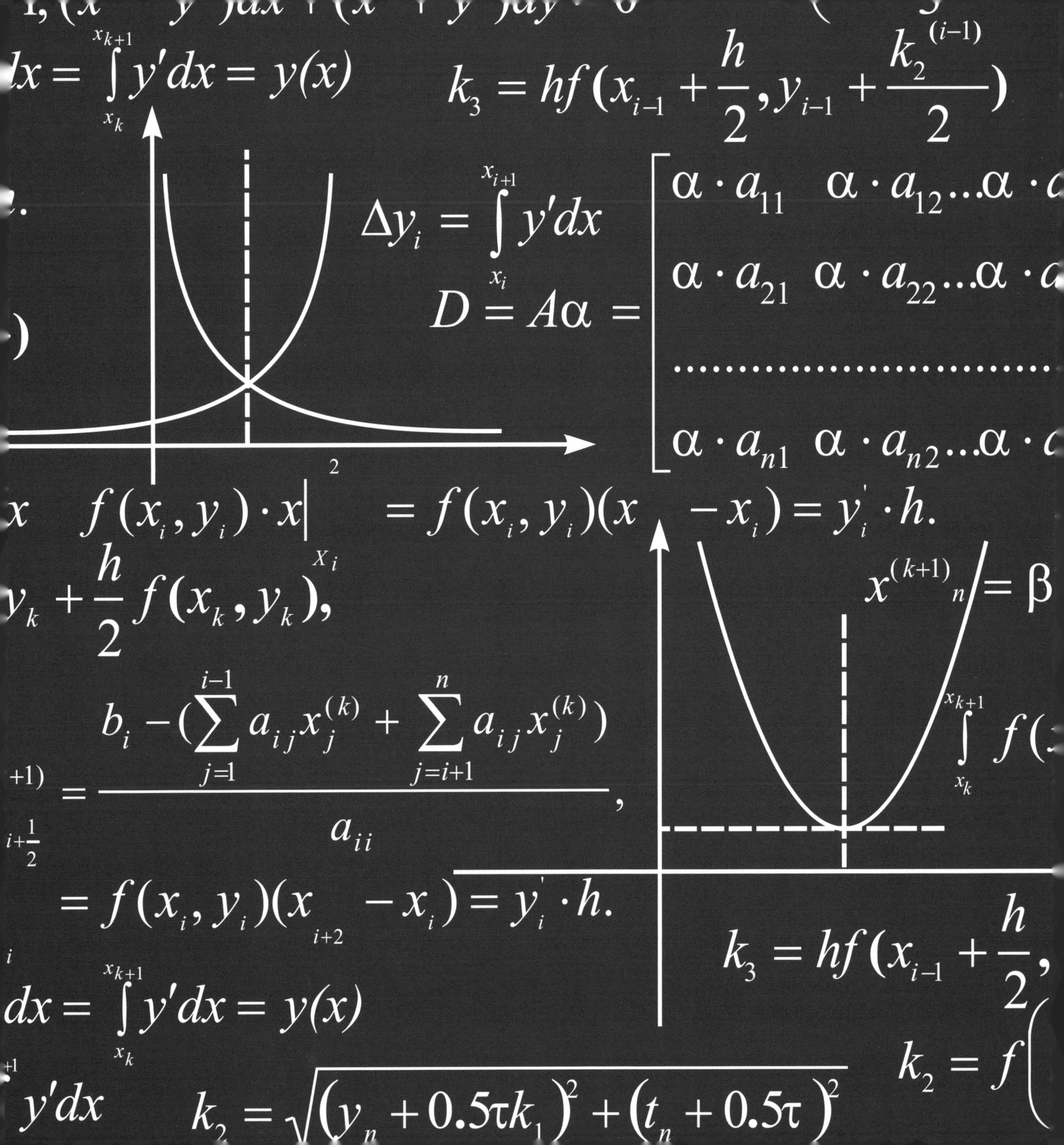

$k_3 = hf(x_{i-1} + \frac{h}{2}, y_{i-1} + \frac{k_2^{(i-1)}}{2})$
$\Delta y_i = \int_{x_i}^{x_{i+1}} y'dx$
$D = A\alpha =$
$\alpha \cdot a_{11} \quad \alpha \cdot a_{12} \ldots \alpha$
$\alpha \cdot a_{21} \quad \alpha \cdot a_{22} \ldots \alpha$
$\alpha \cdot a_{n1} \quad \alpha \cdot a_{n2} \ldots \alpha$
$= f(x_i, y_i)(x - x_i) = y_i' \cdot h.$
$y_k + \frac{h}{2} f(x_k, y_k),$
$= \frac{b_i - (\sum_{j=1}^{i-1} a_{ij} x_j^{(k)} + \sum_{j=i+1}^{n} a_{ij} x_j^{(k)})}{a_{ii}},$
$= f(x_i, y_i)(x_{i+2} - x_i) = y_i' \cdot h.$
$dx = \int_{x_k}^{x_{k+1}} y'dx = y(x)$
$k_2 = \sqrt{(y_n + 0.5\tau k_1)^2 + (t_n + 0.5\tau)^2}$
$k_2 = f$

概率问题

明天是你的生日吗？很可能不是，因为一年通常有365天，生日在明天的概率是$\frac{1}{365}$，这种概率意味着你醒来时不太可能看到一堆礼物。当数学家谈论概率时，他们是在估计某件事发生或某件事为真的可能性。

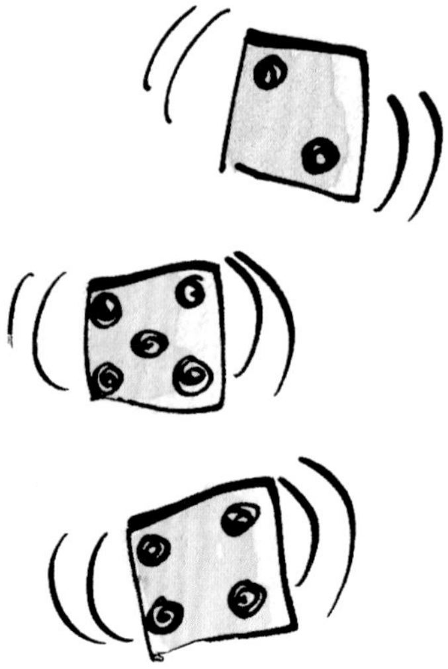

正面还是反面

抛硬币落下时正面朝上的概率是多少？概率是$\frac{1}{2}$，因为一枚硬币只有两面。你有一半的概率能猜对。

当你试图猜测可能发生什么事的时候，概率会变得更复杂，因为会有非常多的可能性。这种情况下，查看过去发生的事情的记录会很有用。这些记录被称为“统计数据”。

统计

收集信息并制成统计数据的人叫“统计学家”。他们经常计算的常用统计数据之一是平均数，平均数让我们对想了解的事物有个一般水平的概念。

比如，统计学家可以计算出你所在地区的本月的平均气温，以及你所在地区居住的平均人数。这意味着，如果有人来到你居住的地方，他们就会对这里的温度以及住着多少人有个概念。

在欧洲，平均每2栋房子住5个人。

数学小贴士：平均数

要计算平均数，就把所有数字相加，再除以数字的个数。
把住在7栋房子里的人数相加：
2 + 2 + 2 + 3 + 5 + 7 + 7 = 28，
除以房子的栋数：28 ÷ 7 = 4，
得出一栋房子里的平均人数是4人。

小测试

1.神经系统的脑细胞叫什么名字?

2.“填数题”就是我们现在的什么游戏?

3.意大利最著名的发明家及艺术家叫什么名字?

4.微处理器是用什么制成的?

5.日本本田公司制造的机器人叫什么名字?

6.罗马(拉丁)字母表中有多少个字母?

7.世界上最大的迷宫在哪里?

8.有7座桥的德国名城叫什么名字?

9.研究形状的数学叫什么?

10.3岁孩子的大脑中形成了多少个连接?

答案：1.神经元　2.数独游戏　3.达·芬奇　4.硅　5.阿西莫
6.23　7.夏威夷　8.哥尼斯堡　9.几何学　10.1000万亿

索引

数学知识点

拓展知识点